Kleine Gase – Große Wirkung
Der Klimawandel

David Nelles und Christian Serrer

Die öffentliche Debatte über den Klimawandel ist vielfach von Missverständnissen und mitunter falschen Schlussfolgerungen geprägt. Daher fällt es oft schwer, zwischen wissenschaftlich belegten Argumenten und Fehlinformationen zu unterscheiden. Was sind die konkreten Ursachen des Klimawandels und wie stark trägt der Mensch zur globalen Erwärmung bei? Treten Stürme und Überschwemmungen bereits häufiger auf, müssen wir mehr Ernteausfälle befürchten und welchen Einfluss hat der Klimawandel auf unsere Gesundheit?

Munich Re beschäftigt sich seit fast einem halben Jahrhundert mit den Risiken des Klimawandels. Als Rückversicherer gleichen wir nach Naturkatastrophen nicht selten Schäden in Milliardenhöhe aus. Daher müssen wir die Auswirkungen der globalen Erwärmung genau kennen.

Dieses Buch, initiiert von zwei Studenten und unterstützt von mehr als einhundert Wissenschaftlerinnen und Wissenschaftlern, gibt einen umfassenden Einblick in den aktuellen Stand des Wissens. Kurze Texte mit den wichtigsten Fakten werden mit anschaulichen Illustrationen kombiniert, um in kürzester Zeit eine Vorstellung davon zu bekommen, was der Klimawandel ist und welche Folgen er hat. Fundierte Informationen von höchster Bedeutung für uns alle, die zugleich leicht zu verstehen sind.

Ernst Rauch
Chef-Klima- und Geowissenschaftler | Munich Re

Prof. Dr. Dr. Peter Höppe
Leiter i.R. Geo Risiko Forschung | Munich Re

Vorwort

KLEINE GASE – GROSSE WIRKUNG
DER KLIMAWANDEL

DAVID NELLES UND CHRISTIAN SERRER

Mit Grafiken von Lisa Schwegler,
Stefan Kraiss und Janna Geisse

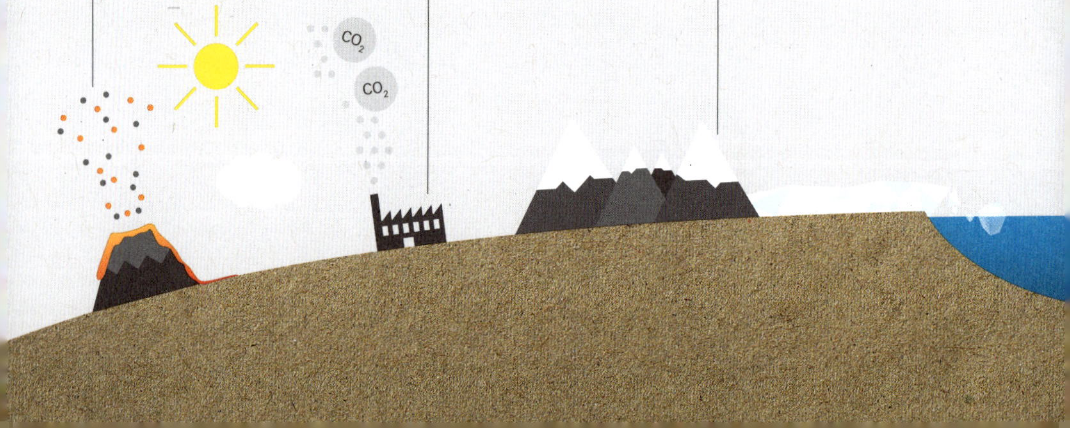
CO_2
CO_2

→ WIE DIESES BUCH ZU LESEN IST:

Hochgestellte Zahlen am Ende eines Satzes (».⁵«) verweisen auf die Herkunft der von uns geschilderten Informationen. Auf Seite 127 erklären wir Ihnen, wo Sie die von uns zitierten Quellen finden. Zahlen in eckigen Klammern (»[1]«) stellen eine Verbindung von Text und Grafik her – sie tauchen an passenden Stellen im Text und in der dazugehörigen Grafik auf.

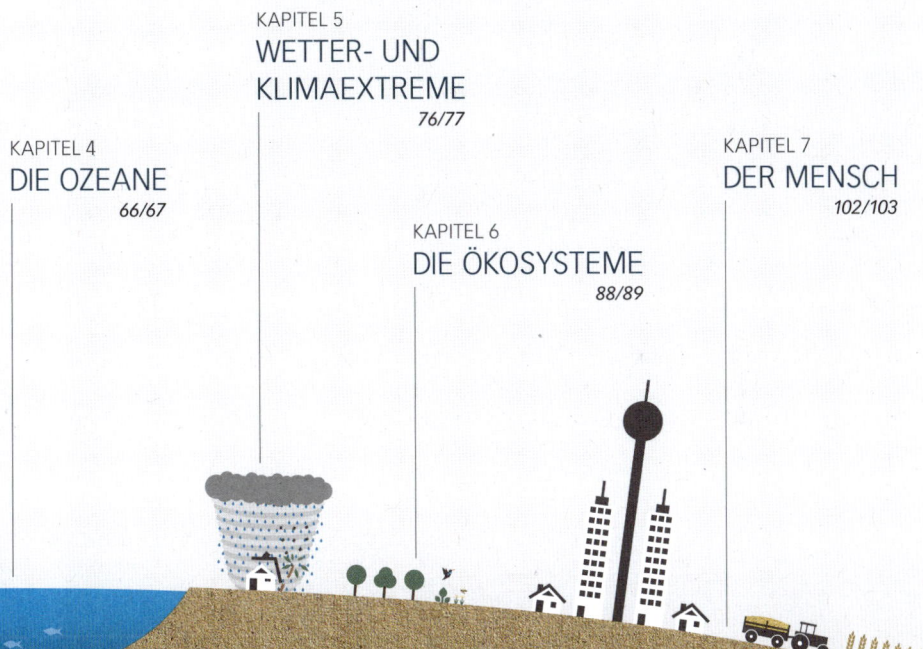

KAPITEL 5
WETTER- UND KLIMAEXTREME
76/77

KAPITEL 4
DIE OZEANE
66/67

KAPITEL 7
DER MENSCH
102/103

KAPITEL 6
DIE ÖKOSYSTEME
88/89

KAPITEL 1

DAS KLIMA DER ERDE

Das Klima ist die statistische Beschreibung des Wetters über einen langen Zeitraum – nach der Weltorganisation für Meteorologie umfasst dieser Zeitraum mindestens 30 Jahre.[1] Das Klima verändert sich – im Vergleich zum sich ständig wechselnden Wetter – also sehr langsam. Das Sinken der Temperatur um 5 °C von einem Tag auf den nächsten bedeutet somit etwas ganz anderes als eine Abkühlung des Klimas um 5 °C. Im letzten Fall würden wir uns in einem Klima wie in der letzten Eiszeit wiederfinden und Nordeuropa sowie Nordamerika wären dann wieder von dicken Eispanzern bedeckt.[2]

NATÜRLICHER TREIBHAUSEFFEKT

Der größte Teil der Sonnenstrahlen durchdringt die Erdatmosphäre und trifft auf die Erdoberfläche [1]. Diese Strahlen werden von der Erde aufgenommen und als Wärmestrahlung wieder abgegeben [2].[1] Ohne die sich in der Erdatmosphäre befindenden Gase wie Wasserdampf (H_2O), Kohlenstoffdioxid (CO_2), Ozon (O_3), Lachgas (N_2O) und Methan (CH_4) würde die Wärmestrahlung wieder ungehindert ins Weltall entweichen [3].[2] Das Klima der Erde wäre dann etwa 33 °C kälter und die Erde wäre vollständig eingefroren.[3,4]

Die genannten Gase verhindern jedoch den direkten Austritt der Wärmestrahlung aus der Erdatmosphäre.[5] Sie nehmen einen großen Teil der Wärmestrahlung auf und geben ihn wieder in alle Richtungen – also auch in Richtung der Erdoberfläche – ab [4].[4] Dadurch werden die darunter liegenden Luftschichten und der Erdboden nochmals erwärmt.[6] Dieser natürliche Erwärmungseffekt wird als natürlicher Treibhauseffekt bezeichnet.[2] Die dafür verantwortlichen Gase werden natürliche Treibhausgase genannt und sorgen dafür, dass die globale Temperatur durchschnittlich bei ungefähr +14 °C liegt.[7]

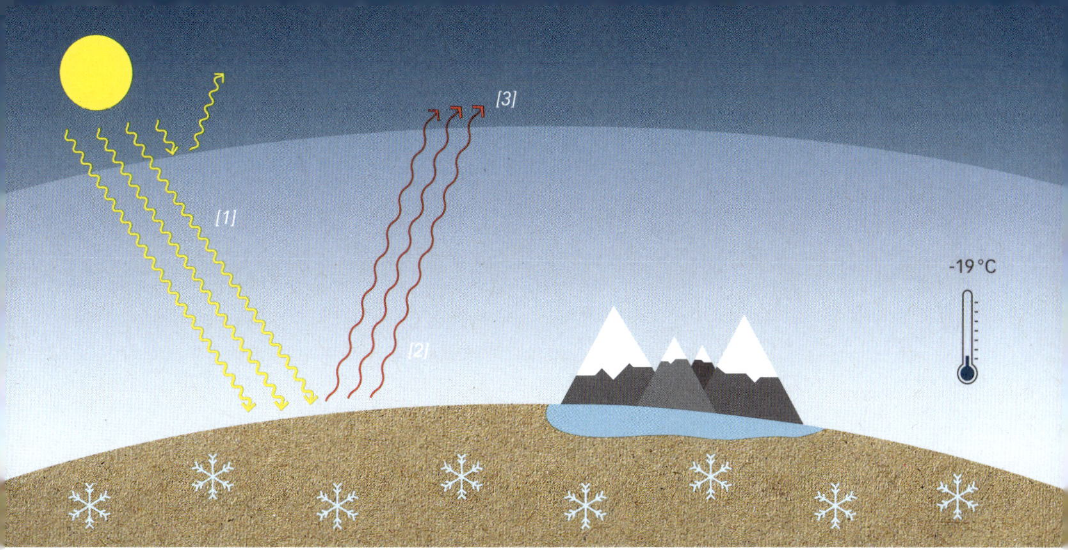

-19 °C

[1]
[2]
[3]

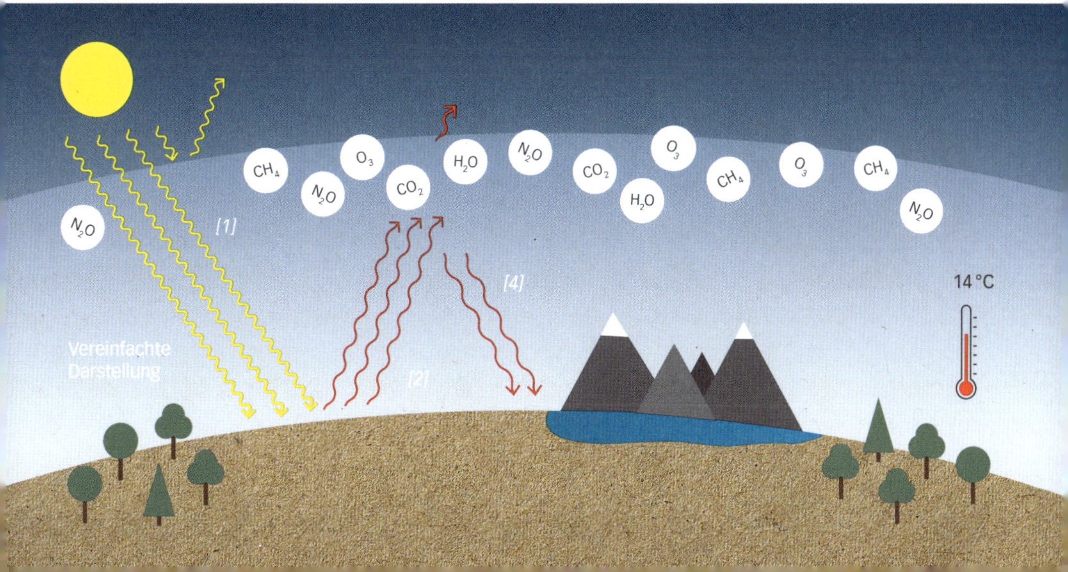

Vereinfachte
Darstellung

14 °C

N_2O CH_4 O_3 N_2O CO_2 H_2O N_2O CO_2 O_3 H_2O CH_4 O_3 CH_4 N_2O

[1]
[2]
[4]

NATÜRLICHE TREIBHAUSGASE

Die trockene (wasserdampffreie) Luft der Erdatmosphäre besteht hauptsächlich aus Stickstoff und Sauerstoff *[1]*.[1] Die Konzentration der natürlichen Treibhausgase ist hingegen verschwindend gering. Kohlenstoffdioxid (CO_2), Ozon (O_3), Lachgas (N_2O) und Methan (CH_4) machen insgesamt nur rund 0,04 % der gesamten Erdatmosphäre aus.[2] Der Anteil von Wasserdampf (H_2O) liegt durchschnittlich bei 0,25 %.[3]

Trotz der geringen Konzentrationen haben die natürlichen Treibhausgase einen entscheidenden Einfluss auf das Klima: Im Gegensatz zu Sauerstoff und Stickstoff können sie Wärmestrahlung aufnehmen und verhindern damit den direkten Austritt der Wärmestrahlung von der Erde ins Weltall (S. 8).[4] Ohne sie wäre das Klima der Erde 33 °C kühler *[2]* – ein Klima, in dem Leben auf der Erde nicht möglich wäre.[5,6]

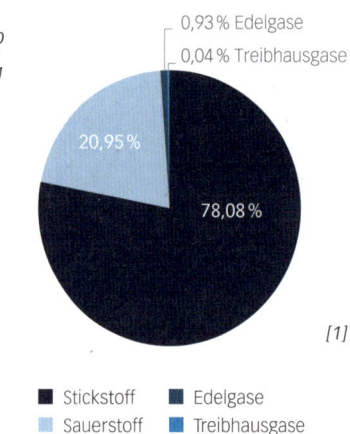

0,93 % Edelgase
0,04 % Treibhausgase
20,95 %
78,08 %
[1]

■ Stickstoff ■ Edelgase
■ Sauerstoff ■ Treibhausgase

Zusammensetzung der trockenen Luft in der Erdatmosphäre[1]

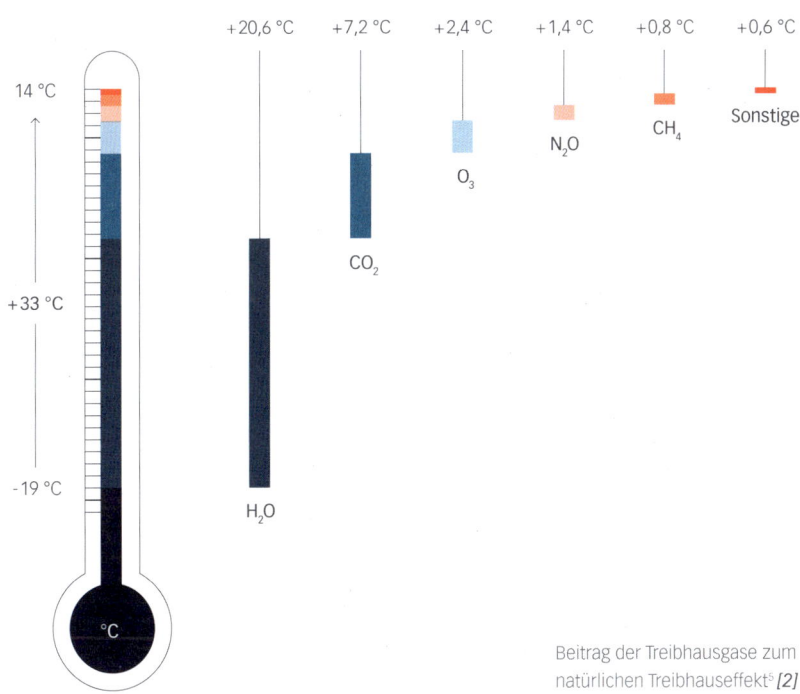

Vor Beginn der Industrialisierung lag die durchschnittliche globale Temperatur bei etwa +14 °C.[7]

14 °C

+33 °C

-19 °C

°C

+20,6 °C — H₂O

+7,2 °C — CO₂

+2,4 °C — O₃

+1,4 °C — N₂O

+0,8 °C — CH₄

+0,6 °C — Sonstige

Beitrag der Treibhausgase zum natürlichen Treibhauseffekt[5] *[2]*

VULKANE UND SONNE

Vulkanausbrüche können das Klima der Erde sowohl erwärmen als auch abkühlen. Zum einen wird durch vulkanische Aktivitäten Kohlenstoffdioxid (CO_2) freigesetzt, das den Treibhauseffekt (S. 8) verstärkt und das Klima über Jahrhunderte bis Jahrmillionen beeinflussen kann *[1]*.[1,2] Zum anderen können bei einem Vulkanausbruch Gase in die obere Atmosphäre ausgestoßen werden, die dort Aerosole bilden (S. 26), welche einen Teil der Sonnenstrahlung ins Weltall zurückstreuen *[2]*.[3] Dadurch kann das Klima über einen Zeitraum von einigen Jahren nach dem Ausbruch abgekühlt werden.[2,4]

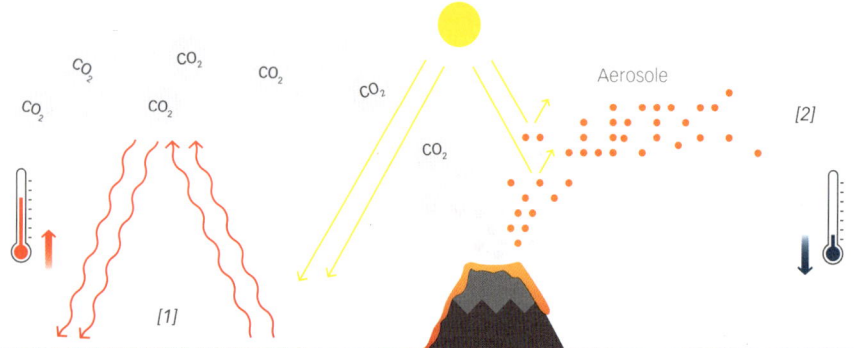

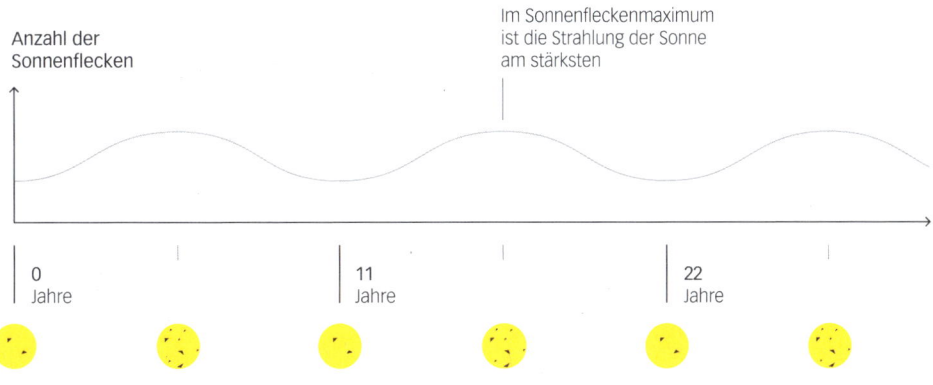

Anzahl der
Sonnenflecken

Im Sonnenfleckenmaximum
ist die Strahlung der Sonne
am stärksten

0
Jahre

11
Jahre

22
Jahre

Schematische Darstellung der
11-jährigen Sonnenfleckenzyklen

Die Strahlung der Sonne ist eine Voraussetzung für das Leben auf der Erde und ist für einige Klimaveränderungen in der Vergangenheit mitverantwortlich.[1,2] Ein Maß für die Sonnenaktivität (Stärke der Sonnenstrahlung) sind dunkle Stellen auf der Oberfläche der Sonne, die als Sonnenflecken bezeichnet werden.[2,3] Ihre Anzahl variiert unter anderem in einem 11-jährigen Rhythmus, dem sogenannten Sonnenflecken-zyklus.[4,5] Im Sonnenfleckenmaximum kann man auf der Sonne neben sehr vielen Flecken auch viele helle Sonnenfackeln beobachten, die für die erhöhte Sonnenaktivität verantwortlich sind.[6] Im Verlauf der Sonnenfleckenzyklen wird die Sonnenaktivität schwächer oder stärker und gleichzeitig werden damit die globalen und regionalen Temperaturen auf der Erde beeinflusst.[7-10]

WOLKEN

Wolken streuen Sonnenlicht, sodass weniger Strahlung auf die Erdoberfläche trifft und diese weniger erwärmt wird. Außerdem nehmen Wolken die Wärmestrahlung auf, die von der Erdoberfläche ausgeht und geben sie anschließend wieder in alle Richtungen ab. Dadurch wird ein Teil der Energie im Erdsystem zurückgehalten.

Durch hohe Eiswolken (Zirren) – die meist dünn sind – wird die Erde nur von einem kleinen Teil der eintreffenden Sonnenstrahlung abgeschirmt [1]. Zudem sind sie kalt und geben daher nur wenig Wärme ins Weltall ab [2], sodass dünne Zirren generell erwärmend wirken. Im Gegensatz dazu kühlen niedrige und in der Regel viel dickere Wolken das Klima im globalen Durchschnitt immer ab, da sie einen Großteil der eintreffenden Sonnenstrahlung zurück ins Weltall streuen [3]. Zudem sind sie fast genauso warm wie die Erdoberfläche und geben daher ähnlich viel Wärmestrahlung in Richtung des Alls ab wie die Erdoberfläche [4].[1,2]

→

Unter den heutigen Bedingungen überwiegt der kühlende Effekt der Wolken.[3]

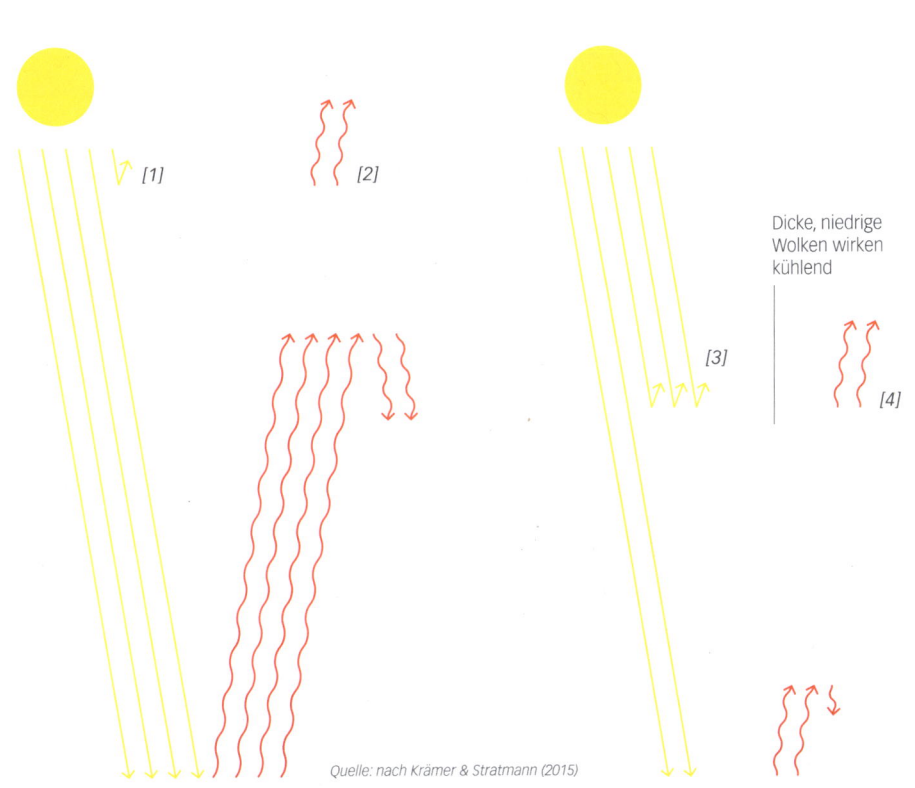

Dicke, niedrige Wolken wirken kühlend

[1] [2] [3] [4]

Quelle: nach Krämer & Stratmann (2015)

GLOBALES FÖRDERBAND
DER OZEANZIRKULATION

Das »globale Förderband« ist ein vereinfachendes Bild für das komplexe System aus Meeresströmungen, das alle Ozeane miteinander verbindet.[1,2] Angetrieben wird es durch über die Meeresoberfläche streichende Winde, die Vermischung von Wassermassen (z. B. durch Gezeiten) und Unterschiede in der Dichte des Meerwassers (hervorgerufen durch unterschiedliche Temperaturen und Salzgehalte des Wassers).[3] Dieses Förderband transportiert große Wärmemengen, die das Klima maßgeblich beeinflussen.[4,5] Könnte beispielsweise der atlantische Teil des »globalen Förderbandes« vollständig zum Stillstand kommen *[1]*, würde die Lufttemperatur auf der Nordhalbkugel im Durchschnitt um 1-2 °C und über dem nördlichen Nordatlantik sogar um bis zu 8 °C fallen.[6]

Pazifischer
Ozean

— warme Oberflächenströmung
— kalte Tiefenwasserströmung

Quelle: nach ACIA (2004)

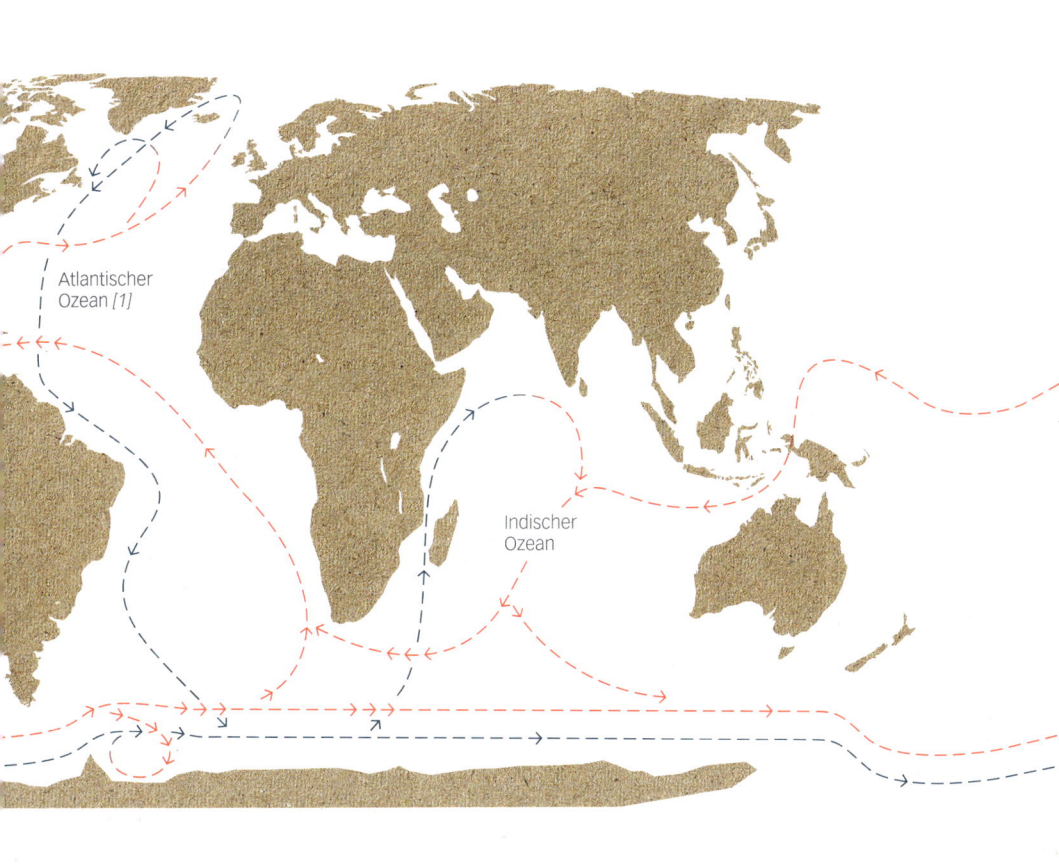

Atlantischer
Ozean *[1]*

Indischer
Ozean

KLIMAGESCHICHTE

Im Laufe der Erdgeschichte hat sich das Klima ständig gewandelt, wobei auch immer wieder klimatische Extreme auftraten: Durch die schwache Sonnenstrahlung und die geringe Kohlenstoffdioxid-Konzentration in der Atmosphäre wurde vor etwa 700 Millionen Jahren die Sturtische Eiszeit ausgelöst [1]. Verstärkt durch die Eis-Albedo-Rückkopplung (S. 52) fror die Erdoberfläche weitläufig zu; daher spricht man auch von einer Schneeball-Erde.[1]

18 / 19

[2]

[1]

1 000 000 000
Eine Milliarde

1 000 000
Eine Million

100 000
Einhunderttausend

Schematische Darstellung der durchschnittlichen bodennahen Lufttemperatur auf der Nordhalbkugel

Vor rund 250 Millionen Jahren wurden große Mengen Kohlenstoffdioxid (CO_2) und Methan (CH_4) in die Atmosphäre freigesetzt [2].[2] Infolgedessen wurde zum einen der Treibhauseffekt verstärkt, sodass die Temperatur stark anstieg; zum anderen wurden die Ozeane saurer, da sie einen Teil der CO_2-Emissionen aufnahmen (S. 68).[3,4,5] Dadurch sind etwa 90 % aller damals lebenden Arten ausgestorben.[6]

In den vergangenen 11.500 Jahren war das Klima der Erde relativ stabil [3], was dazu beigetragen hat, dass sich die moderne Gesellschaft entwickeln konnte.[7]

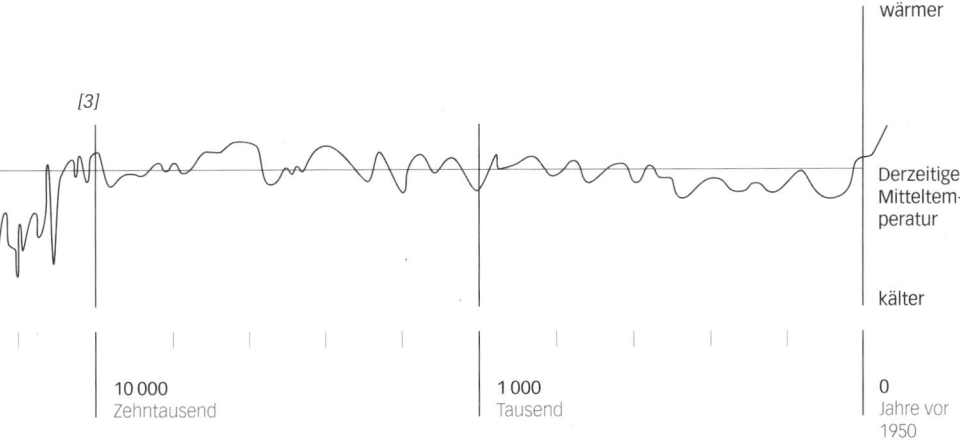

Hinweis zur Grafik: In den verschiedenen zeitlichen Abschnitten verläuft die Zeitskala linear.

Quelle: nach Schönwiese (2013)

KAPITEL 2

DIE MÖGLICHEN URSACHEN
DES KLIMAWANDELS

*Die durchschnittliche globale Lufttemperatur
ist in den vergangenen 150 Jahren angestiegen.[1]
Als mögliche Ursachen für diese Entwicklung
werden in der öffentlichen Debatte neben dem
Einfluss des Menschen auch oft die Sonne und
andere Faktoren ins Spiel gebracht.*

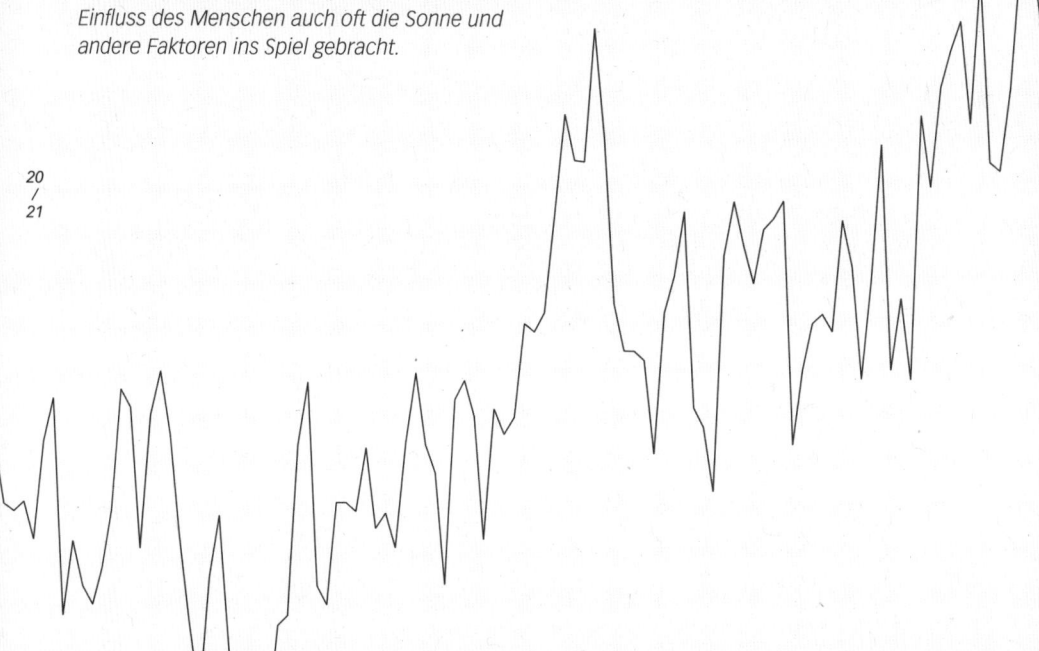

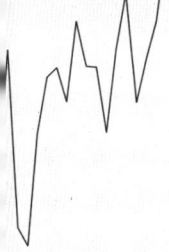

GLOBALE ERWÄRMUNG

Auf der Nordhalbkugel der Erde war die durchschnittliche bodennahe Lufttemperatur in den letzten 1000 Jahren vor Beginn der Industrialisierung relativ konstant.[1] Seit dem Ende des 19. Jahrhunderts ist ein Anstieg der globalen Temperatur zu beobachten, der als globale Erwärmung und als Klimawandel bezeichnet wird: Vom Beginn der Temperaturaufzeichnung im Jahr 1880 bis 2016 nahm die globale durchschnittliche bodennahe Lufttemperatur um mehr als 1 °C zu.[2]

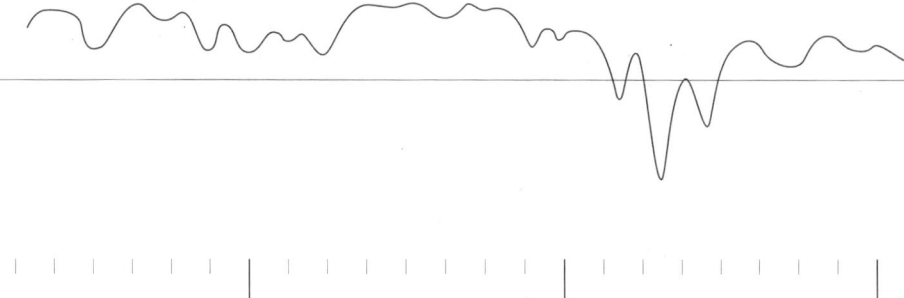

Jahr

| 800 | 1000 | 1200 | 14 |

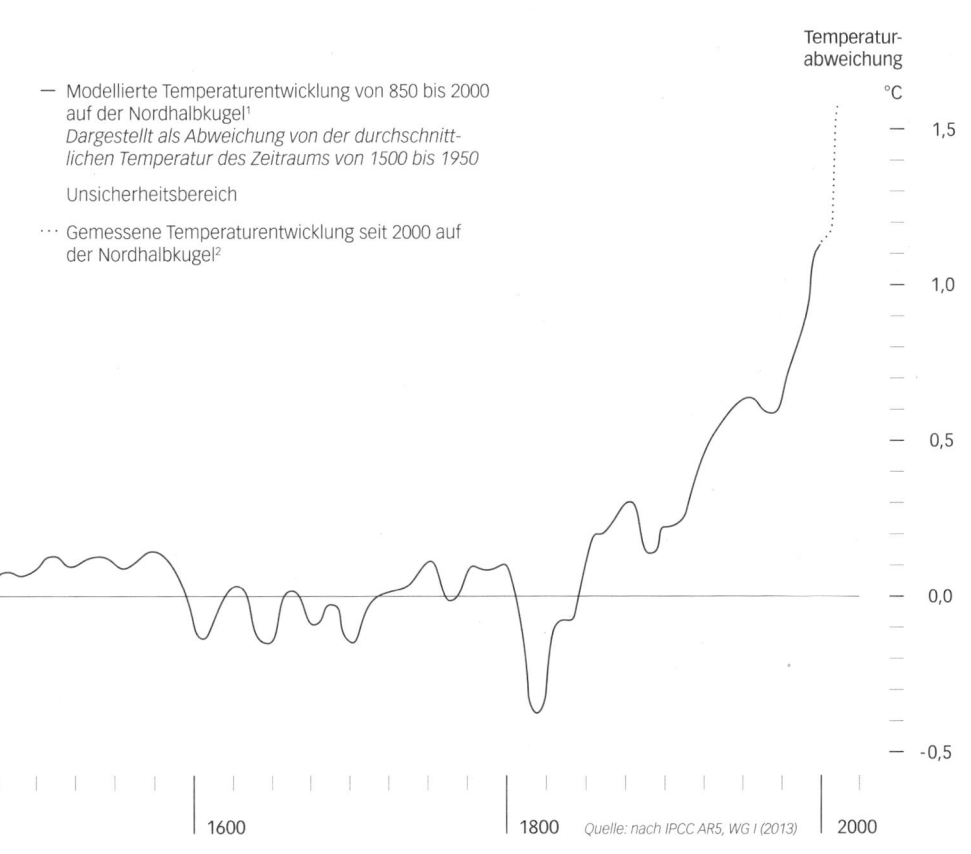

Temperatur-
abweichung

— Modellierte Temperaturentwicklung von 850 bis 2000
auf der Nordhalbkugel[1]
*Dargestellt als Abweichung von der durchschnitt-
lichen Temperatur des Zeitraums von 1500 bis 1950*

Unsicherheitsbereich

··· Gemessene Temperaturentwicklung seit 2000 auf
der Nordhalbkugel[2]

°C

— 1,5

— 1,0

— 0,5

— 0,0

— -0,5

1600   1800   *Quelle: nach IPCC AR5, WG I (2013)*   2000

AUSDÜNNUNG DER OZONSCHICHT

Die Ozonschicht in der Stratosphäre nimmt einen Teil der Sonnenstrahlung auf *[1]* und schützt damit die Pflanzen, Tiere und Menschen vor der schädlichen UV-C und UV-B Strahlung der Sonne.[1,2] In den vergangenen rund 60 Jahren wurde diese Schicht dünner und über der Antarktis verringerte sie sich sogar um 50 % und mehr.[3] Dieses Phänomen wird als Ozonloch bezeichnet.[4] Ursächlich dafür war die Freisetzung von Fluorchlorkohlenwasserstoffen (FCKW) durch den Menschen.[5] Sie sind kein natürlicher Bestandteil der Erdatmosphäre, wurden u.a. als Kühlmittel in Kühlschränken und Klimaanlagen verwendet und wirken auch als Treibhausgase.[6,7] Mit dem Montreal-Protokoll (1987) wurde beschlossen, den Ausstoß von FCKW und anderen Stoffen, die die Ozonschicht schädigen, zu reduzieren.[8] Dieses Abkommen führte dazu, dass die Emissionen der ozonschädigenden Stoffe seit den 1990er Jahren abnehmen und sich die Ozonschicht wahr-

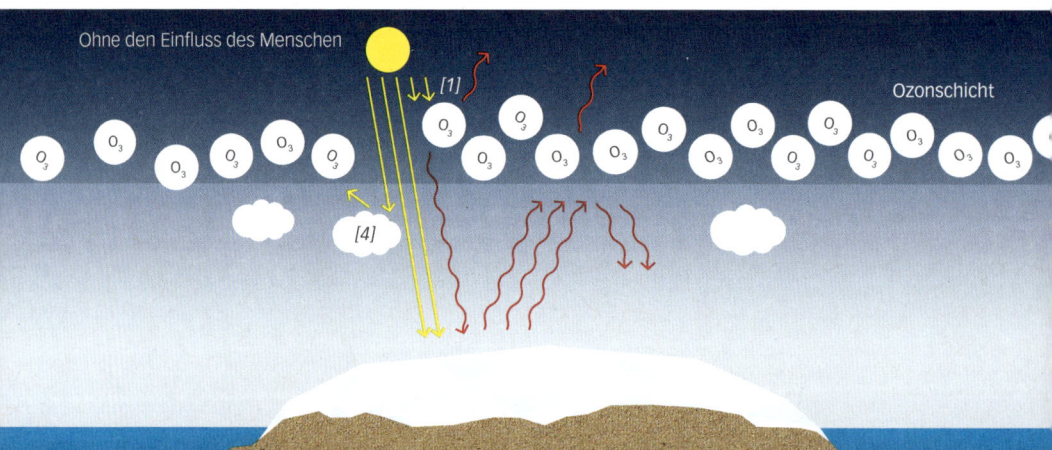

scheinlich noch in diesem Jahrhundert erholen könnte.[9] Durch die dünnere Ozonschicht trifft mehr Sonnenstrahlung auf die Erdoberfläche [2], aber gleichzeitig wird der Treibhauseffekt abgeschwächt [3]. Hier überwiegt sehr leicht der kühlende Effekt.[10] Allerdings muss man die Treibhausgaswirkung der FCKW und weitere Rückkopplungen des Ozonlochs berücksichtigen: Z.B. wird die Wolkenbildung geschwächt [4] und die atmosphärische Zirkulation (Winde) verändert.[10,11]

→
Ob der Gesamteffekt leicht wärmend oder kühlend ist, ist aufgrund der komplexen Rückkopplungen unsicher.[9]

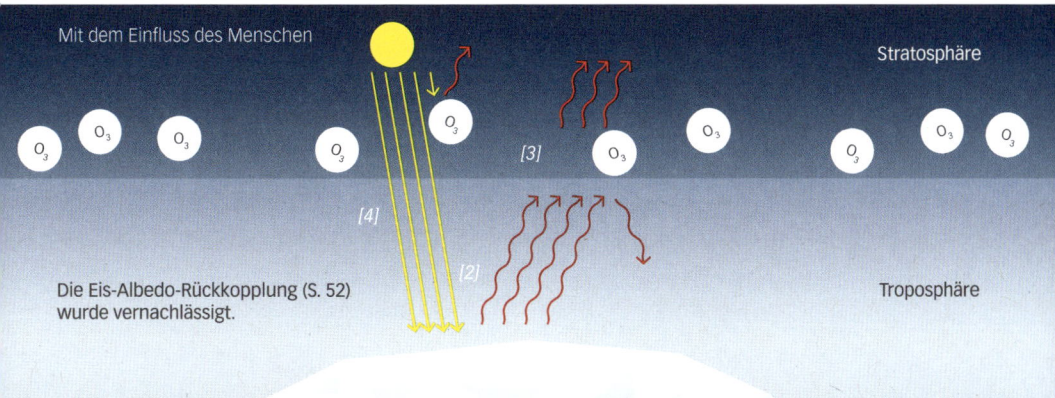

Mit dem Einfluss des Menschen

Stratosphäre

[3]

[4]

[2]

Die Eis-Albedo-Rückkopplung (S. 52) wurde vernachlässigt.

Troposphäre

AEROSOLE

Aerosole sind Schwebeteilchen (= Partikel), die sich in einem Gas (meist in der Luft) befinden.[1] Sie entstehen durch den direkten Ausstoß von Partikeln (primäre Aerosole) oder durch die Umwandlung von Gasen in der Atmosphäre (sekundäre Aerosole).[2] Sie sind zwischen wenigen Nanometern und einigen zehn Mikrometern groß und damit bis zu 100.000 Mal kleiner als der Durchmesser eines menschlichen Kopfhaares.[2,3] Natürliche Aerosole entstehen durch die Aufwirbelung von Meersalz und Wüstenstaub, bei Vulkanausbrüchen und dadurch, dass die Vegetation biologische Partikel (z. B. Sporen) freisetzt *[1].*[4-7] Ein bedeutender Anteil der globalen Aerosole wird durch menschliche Aktivitäten wie Brandrodung, industrielle Prozesse und Verkehr verursacht *[2].*[8-11]

Aerosole beeinflussen das Klima, indem sie das Sonnenlicht streuen, sodass weniger Energie auf die Erdoberfläche trifft und diese weniger erwärmt wird *[3].* Zum anderen nehmen Aerosole (z. B. Ruß) Sonnenenergie auf, geben diese an ihre Umgebung ab und wirken so erwärmend *[4].* Außerdem haben sie Einflüsse auf die Wolkenbildung und verändern z. B. die Reflexion der Wolken *[5].*[8]

→

Die menschengemachten Aerosole verschmutzen die Luft, doch sie haben ironischerweise insgesamt einen kühlenden Effekt auf das Klima und schwächen damit die globale Erwärmung ab.[12,13]

[1]

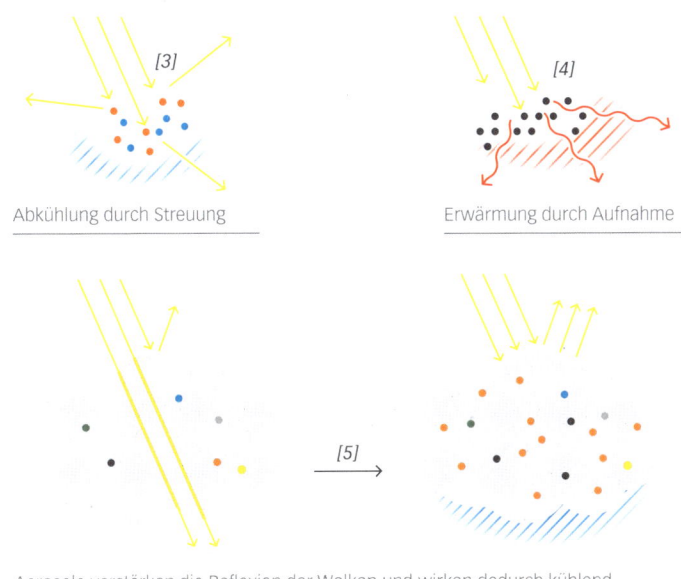

Abkühlung durch Streuung

Erwärmung durch Aufnahme

Aerosole verstärken die Reflexion der Wolken und wirken dadurch kühlend

Quelle: nach IPCC AR5, WG I (2013)

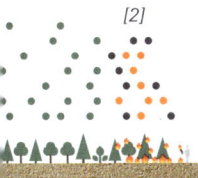

SONNENAKTIVITÄT

Der Verlauf der Sonnenfleckenzyklen in der Grafik *[1]* zeigt, dass die Sonnenaktivität (Stärke der Sonnenstrahlung) nicht die Ursache für den starken Anstieg der globalen Durchschnittstemperatur *[2]* von 1880 bis 2016 sein kann, da kein direkter Zusammenhang der Grafen erkennbar ist.[1,2] Es wird angenommen, dass die Sonnenaktivität für ungefähr 10 % des Anstiegs der Temperatur von 1905 bis 2005 verantwortlich ist.[3] Damit ist ihr Beitrag zur globalen Erwärmung verhältnismäßig gering.[4] Seit den 1980er Jahren nimmt die Sonnenaktivität sogar ab, während die globale durchschnittliche bodennahe Lufttemperatur weiter angestiegen ist.[3,5]

→

Die Veränderungen der Sonnenaktivität sind daher nicht für den starken Anstieg der Temperatur seit Beginn der Industrialisierung verantwortlich.

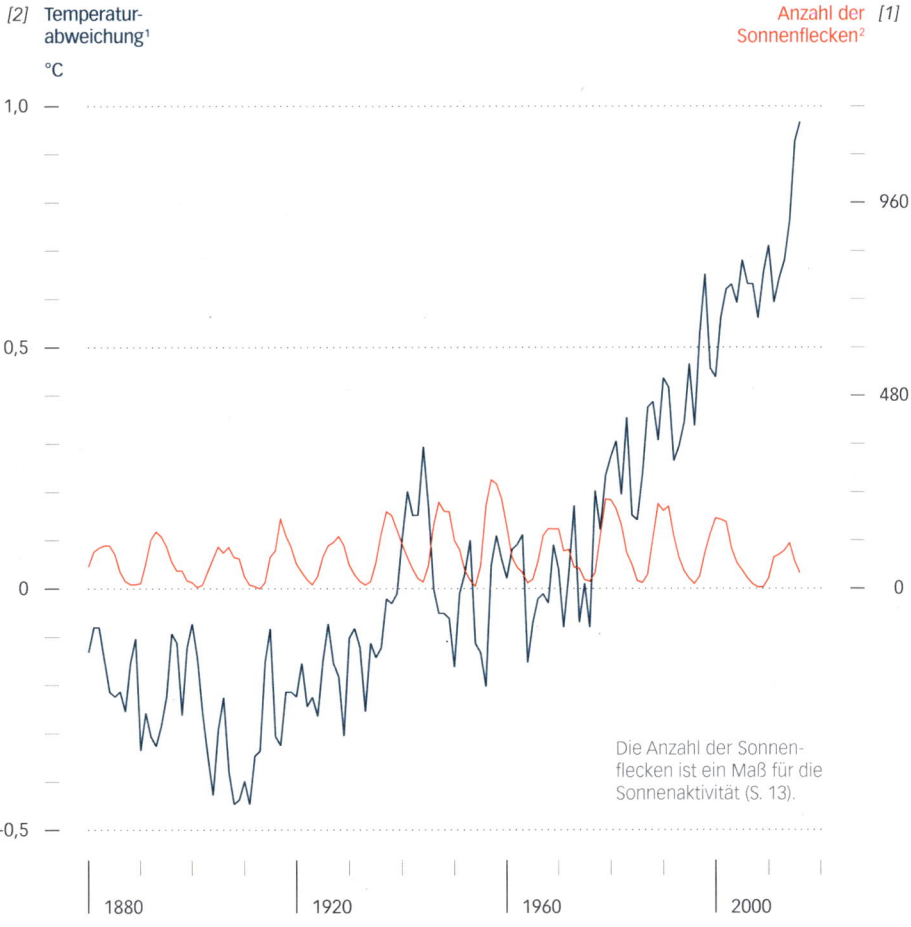

1,0

0,5

960

0

480

0

-0,5

0

1880   1920   1960   2000

Die Anzahl der Sonnen-
flecken ist ein Maß für die
Sonnenaktivität (S. 13).

MENSCHENGEMACHTER TREIBHAUSEFFEKT

Seit Beginn der Industrialisierung ist neben der durchschnittlichen globalen Lufttemperatur *[1]* auch die Konzentration des Kohlenstoffdioxids (CO_2) *[2]* und weiterer Treibhausgase in der Erdatmosphäre gestiegen.[1-12] Ursache dafür sind menschliche Aktivitäten, insbesondere die Verbrennung fossiler Brennstoffe.[13] Diese durch den Menschen freigesetzten Gase werden als menschengemachte Treibhausgase (S. 36) bezeichnet, da sie genau wie die natürlichen Treibhausgase den direkten Austritt der Wärmestrahlung von der Erde ins Weltall verhindern (S. 8).[14,15] Durch den menschengemachten Treibhauseffekt trifft mehr Wärmestrahlung auf die Erdoberfläche, was dazu beigetragen hat, dass die bodennahe Lufttemperatur in den vergangenen 150 Jahren angestiegen ist.[16,17]

→

Der Anstieg der Temperatur – vom Beginn der Industrialisierung bis heute – wird daher als menschengemachter Klimawandel bezeichnet.[18]

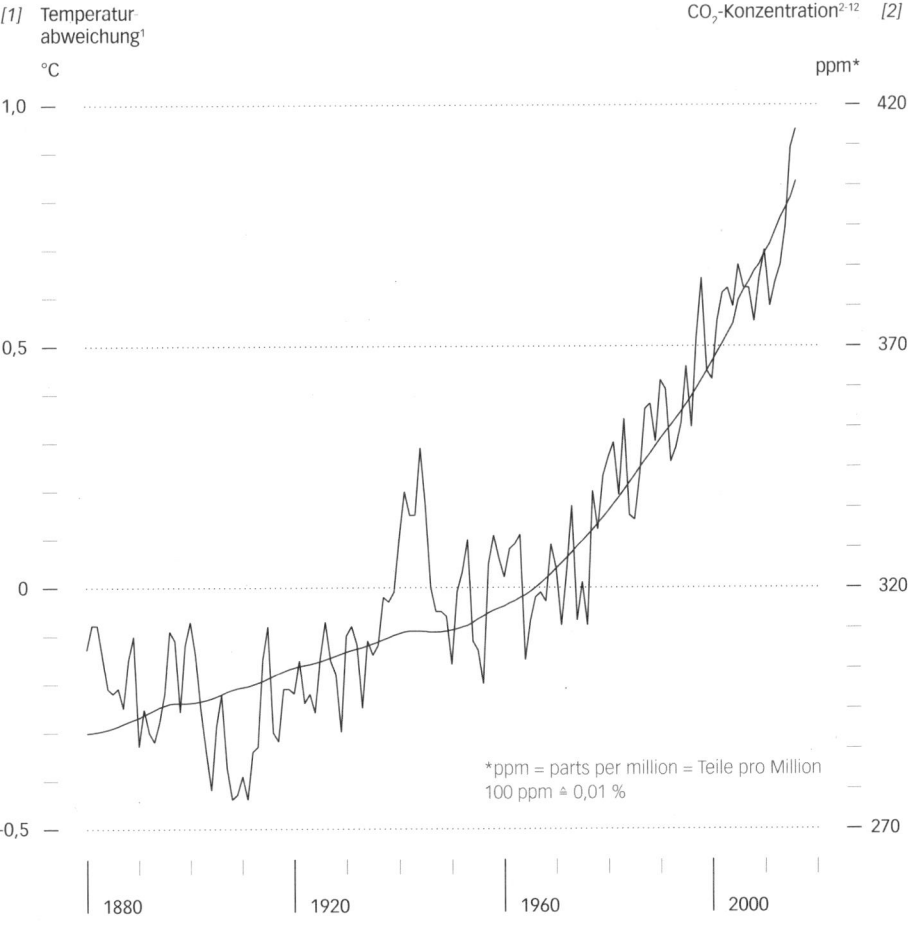

[1] Temperatur-
abweichung¹

°C

CO₂-Konzentration²⁻¹²   [2]

ppm*

1,0 —   — 420

0,5 —   — 370

0 —   — 320

*ppm = parts per million = Teile pro Million
100 ppm ≙ 0,01 %

-0,5 —   — 270

1880   1920   1960   2000

TEMPERATUR UND TREIBHAUSGASE

Eiskernbohrungen ermöglichen die Rekonstruktion des Klimas von vor einigen hunderttausend Jahren.[1] Dazu werden Säulen (Bohrkerne) durch Tiefbohrungen in Eisschilden gewonnen.[2] Eingeschlossene Gase und Feststoffe in unterschiedlichen Schichten lassen Rückschlüsse wie z. B. auf die Temperatur, Treibhausgaskonzentrationen oder Vulkanausbrüche zu.[3,4]

Die Grafik auf der rechten Seite zeigt, dass sich Eiszeiten und Warmzeiten in den vergangenen 800.000 Jahren immer wieder abgewechselt haben [1]. Trotz der unterschiedlichen Ursachen für die natürlichen Veränderungen des Klimas (z. B. durch die Veränderung der Erdumlaufbahn und der Erdachse), lässt sich der Zusammenhang zwischen der Temperatur und den Treibhausgasen Kohlenstoffdioxid (CO_2) und Methan (CH_4) sehr gut erkennen [2].[5-8] Des Weiteren bestätigen aktuelle Studien, dass die Veränderungen der Temperatur und die Konzentrationsänderungen der Treibhausgase in den letzten 20.000 Jahren parallel verliefen und legen nahe, dass sie sich gegenseitig beeinflussen.[9,10] Außerdem wird deutlich, dass die heutigen Konzentrationen der Treibhausgase die Werte der letzten 800.000 Jahre deutlich übertreffen [3].[11,12]

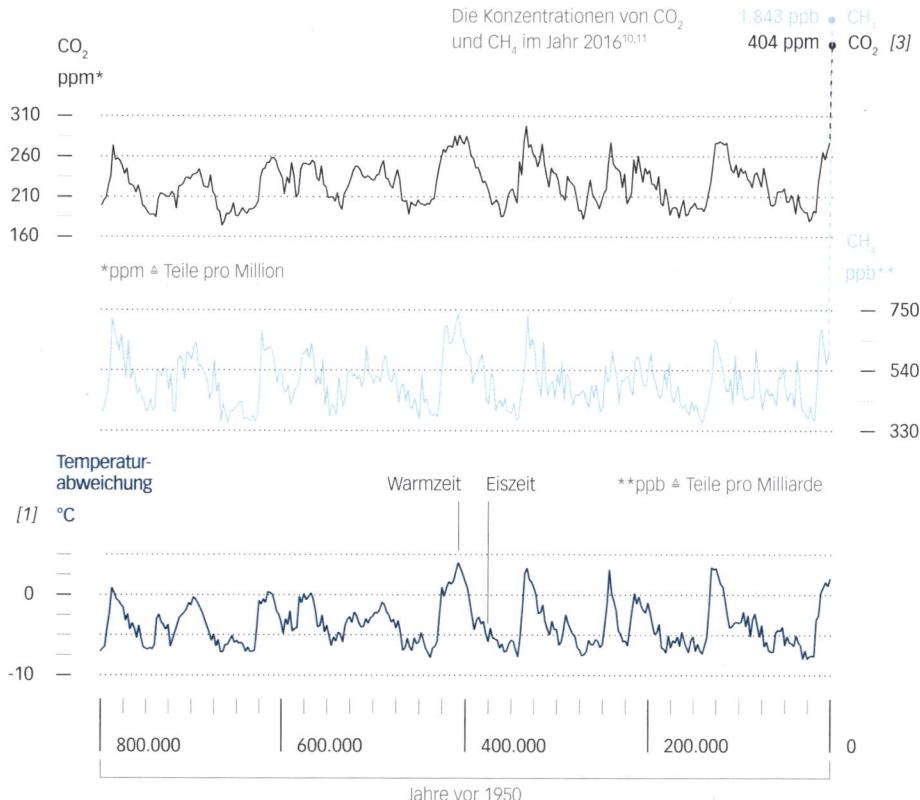

CO$_2$
ppm*

310 —
260 —
210 —
160 —

Die Konzentrationen von CO$_2$
und CH$_4$ im Jahr 2016[10,11]

1 843 ppb ● CH$_4$
404 ppm ● CO$_2$ [3]

*ppm ≙ Teile pro Million

CH$_4$
ppb**

— 750
— 540
— 330

Temperatur-
abweichung

[1] °C

Warmzeit   Eiszeit   **ppb ≙ Teile pro Milliarde

0 —

-10 —

800.000   600.000   400.000   200.000   0

Jahre vor 1950

[2] (Nahezu) paralleler Verlauf der Temperatur in der Antarktis und der Konzentrationen der
     Treibhausgase in den vergangenen 800.000 Jahren[5,6,7]

ANTEILE AN DER GLOBALEN ERWÄRMUNG

Einige Studien haben den Beitrag natürlicher Faktoren – wie der Sonne und der Vulkane – sowie den Beitrag des Menschen zur globalen Erwärmung untersucht.[1-7] Dabei wurde deutlich, dass der Anstieg der globalen Lufttemperatur seit Beginn der Industrialisierung ohne den menschlichen Einfluss nicht zu erklären ist.

Die durchschnittliche globale bodennahe Lufttemperatur wurde im Zeitraum von 1870 bis 2010 durch Vulkanausbrüche (S. 12) immer wieder kurzfristig abgekühlt *[1]*.[8] Die Schwankungen der Sonnenaktivität (S. 28) haben ebenfalls nur einen geringen Einfluss auf das Klima *[2]*.[9] Weitere relativ kurzfristige Temperaturänderungen sind vor allem auf natürliche Schwankungen zurückzuführen, die unabhängig von der einfallenden Sonnenstrahlung und der abgegebenen Wärmestrahlung der Erde auftreten (interne Variabilität) *[3]*.[10,11] Dazu zählen z. B. die Wechselwirkungen zwischen der ozeanischen und der atmosphärischen Zirkulation (Winde). Genau wie in der Grafik dargestellt, geht der Weltklimarat (IPCC) davon aus, dass die Erwärmung um 0,7 °C von 1951 bis 2010 hauptsächlich menschengemacht ist *[4]*.[12] Hingegen wird der Beitrag der natürlichen Faktoren zum Temperaturanstieg lediglich auf ±0,1 °C geschätzt.[12]

→

Daher spricht man zurecht vom menschengemachten Klimawandel.[13]

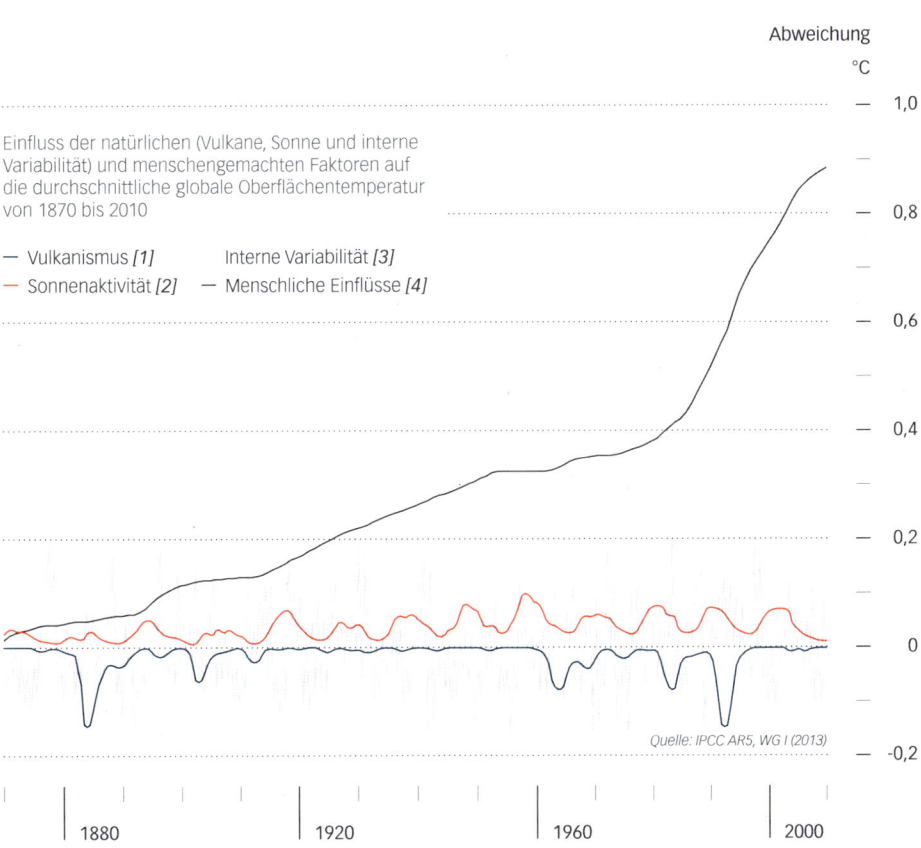

Einfluss der natürlichen (Vulkane, Sonne und interne Variabilität) und menschengemachten Faktoren auf die durchschnittliche globale Oberflächentemperatur von 1870 bis 2010

— Vulkanismus *[1]*   Interne Variabilität *[3]*
— Sonnenaktivität *[2]*   — Menschliche Einflüsse *[4]*

Abweichung
°C

— 1,0
—
— 0,8
—
— 0,6
—
— 0,4
—
— 0,2
—
— 0
—
— -0,2

Quelle: IPCC AR5, WG I (2013)

1880   1920   1960   2000

MENSCHENGEMACHTE TREIBHAUSGASE

Die durch menschliche Aktivitäten emittierten (ausgestoßenen) Treibhausgase werden als menschengemachte Treibhausgase bezeichnet. Wie stark die CO_2-, CH_4- und N_2O-Emissionen zum menschengemachten Treibhauseffekt beitragen, hängt von ihrer Konzentration in der Erdatmosphäre (Menge) und von ihrem Treibhausgaspotential (Wirkung) ab.

Der Anteil der Treibhausgase – Kohlenstoffdioxid (CO_2), Methan (CH_4) und Lachgas (N_2O) – an der Erdatmosphäre ist im Vergleich zu Sauerstoff (21 %) und Stickstoff (78 %) nach wie vor gering.[1] Jedoch sind die Konzentrationen seit Beginn der Industrialisierung durch den Ausstoß menschengemachter Treibhausgase stark angestiegen *[1]*.[2] Sie verhindern – genau wie die natürlichen Treibhausgase – den direkten Austritt der Wärmestrahlung von der Erde ins Weltall (S. 8) und tragen damit zur globalen Erwärmung bei.[3,4] Außerdem beeinflussen sie das Klima langfristig, da ihre Verweilzeit in der Atmosphäre hoch ist *[2]*, d. h. es dauert lange, bis sie durch chemische oder physikalische Prozesse aus der Atmosphäre entfernt bzw. abgebaut werden.[5]

	Konzentrationen der Treibhausgase 1750[6]	$\xrightarrow{[1]}$	Konzentrationen der Treibhausgase 2016[7,8,9]	Verweilzeit in Jahren[10,11] *[2]*
CO_2	280 ppm*		404 ppm ≙ 0,0404 %	bis zu 1.000.000
CH_4	722 ppb**		1842 ppb ≙ 0,0001842 %	12,4
N_2O	270 ppb		328 ppb ≙ 0,0000328 %	121

*ppm = Teile pro Million   ** ppb = Teile pro Milliarde

CO_2	1
CH_4	28
N_2O	265

[3]

Treibhausgaspotential (GWP) in 100 Jahren[11]

Die Wirkung der Treibhausgase hängt von ihrem Treibhausgas- bzw. Erwärmungspotential (Global Warming Potential = GWP) ab [3].[12] Es drückt aus, wie stark die Gase, im Vergleich zur gleichen Menge CO_2, in einem bestimmten Zeitraum (meist 100 Jahre) das Klima erwärmen.[13] Beispielsweise bedeutet ein GWP von 28 für Methan, dass das heute ausgestoßene CH_4, im Vergleich zur gleichen Menge CO_2, das Klima im Laufe der nächsten 100 Jahre 28 mal stärker erwärmen wird.[11]

Obwohl das GWP von CO_2 deutlich kleiner ist als das von CH_4 und N_2O, ist der Beitrag der CO_2-Emissionen zum gesamten menschengemachten Treibhauseffekt mit 76 % am größten [4], da durch menschliche Aktivitäten viel größere Mengen CO_2 als CH_4 oder N_2O ausgestoßen werden.[14]

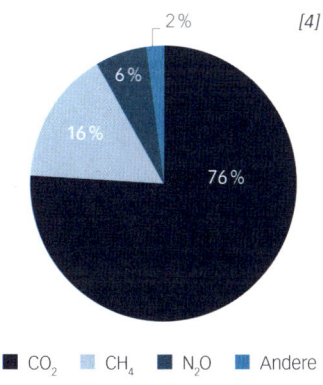

[4]

■ CO_2 ■ CH_4 ■ N_2O ■ Andere

Beitrag der Treibhausgasemissionen zum menschengemachten Treibhauseffekt im Jahr 2010[14]

VERÄNDERUNG DES KOHLEN-STOFFKREISLAUFES

Ozeane, Böden und die Vegetation setzen Kohlenstoffdioxid (CO_2) in die Atmosphäre frei. Außerdem nehmen sie CO_2 aus der Atmosphäre auf, wodurch ein Zyklus entsteht, der ein Teil des natürlichen Kohlenstoffkreislaufes ist.[1,2]

In den vergangenen zehn Jahren wurden durch menschliche Aktivitäten im jährlichen Durchschnitt 39 Gigatonnen (Gt) CO_2 ausgestoßen; das entspricht 39 Milliarden Tonnen CO_2.[3] Etwa 28 % davon werden von Böden und der Vegetation gespeichert, rund 22 % werden von den Ozeanen aufgenommen und der Rest (44 %) verbleibt in der Atmosphäre.[3] Dadurch, dass der Mensch in sehr kurzer Zeit zusätzliches CO_2 freisetzt, das sich zum Teil über Jahrmillionen als Kohle, Erdgas und Erdöl unterirdisch abgelagert hat, gerät der Kohlenstoffkreislauf in Schieflage[4]: Zum einen sind die Ozeane durch die CO_2-Aufnahme saurer geworden (S. 68) und zum anderen ist die CO_2-Konzentration in der Erdatmosphäre mittlerweile deutlich höher als in den letzten 800.000 Jahren (S. 32).[5-8]

Durchschnittlicher jährlicher CO_2-Ausstoß durch den Menschen von 2007 bis 2016 und die Netto-Aufnahme der Emissionen durch Böden und Vegetation, Ozeane und Atmosphäre[3]

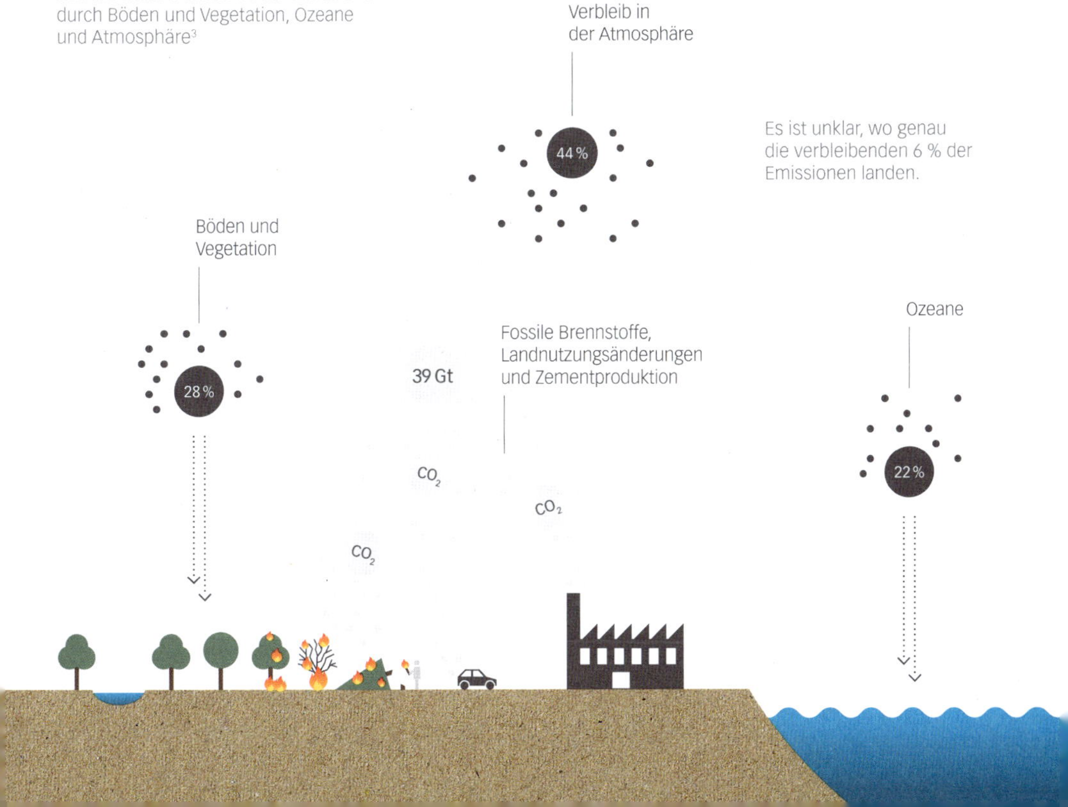

Verbleib in der Atmosphäre

44 %

Es ist unklar, wo genau die verbleibenden 6 % der Emissionen landen.

Böden und Vegetation

28 %

Fossile Brennstoffe, Landnutzungsänderungen und Zementproduktion

39 Gt

Ozeane

22 %

CO_2

CO_2

CO_2

KOHLENSTOFFDIOXID-EMISSIONEN

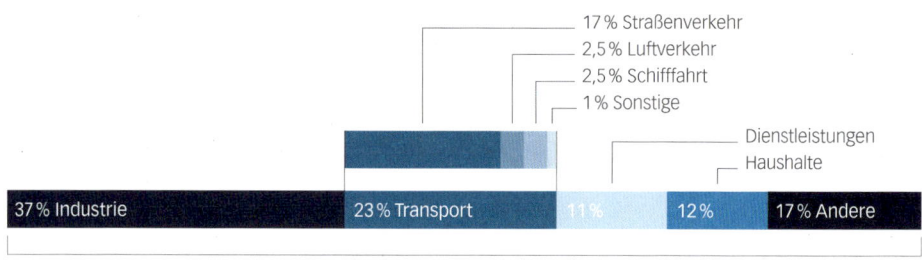

17 % Straßenverkehr
2,5 % Luftverkehr
2,5 % Schifffahrt
1 % Sonstige

Dienstleistungen
Haushalte

| 37 % Industrie | 23 % Transport | 11 % | 12 % | 17 % Andere |

CO_2-Emissionen nach Sektoren im Jahr 2014[2]

Anteile von Kohle, Öl und Gas an den Emissionen, die durch die Verbrennung fossiler Brennstoffe entstehen[1]

44 %
Kohle

35 %
Erdöl

21 %
Erdgas

Das Verbrennen fossiler Brennstoffe (Kohle, Erdöl und Erdgas) zur Energiegewinnung war im Jahr 2014 für ca. 85 % des weltweiten CO_2-Ausstoßes verantwortlich; die Zementproduktion für 5 % und Landnutzungsänderungen für 10 %.[1] Damit wird deutlich, dass vor allem die Verbrennung fossiler Brennstoffe für den Anstieg der CO_2-Konzentration in der Erdatmosphäre verantwortlich ist. Wie die aus den fossilen Brennstoffen erzeugte Energie genutzt wird, zeigt das Diagramm auf der linken Seite.[2] Darunter erkennt man, dass die Kohle mit 44 % den größten Anteil an den Emissionen ausmacht, die durch die Verbrennung fossiler Brennstoffe entstehen.[1]

Eine weitere Quelle von CO_2-Emissionen ist die Entwaldung, wie sie bereits vor einigen hundert Jahren in Europa und in Nordamerika stattgefunden hat.[3,4] Aktuell werden vor allem die tropischen Regenwälder abgeholzt und gerodet, um Straßen zu bauen, Weideland zu erschließen, Holz zu gewinnen oder um Pflanzen wie Ölpalmen, Bananen, Soja und Kaffee für den Verkauf in andere Länder anzubauen (Landnutzungsänderungen).[5-9] Dadurch und durch natürliche Ursachen (z. B. Waldbrände) ist im Zeitraum von 2000 bis 2009 eine Waldfläche von durchschnittlich 35 Fußballfeldern pro Minute verlorengegangen.[10,11]

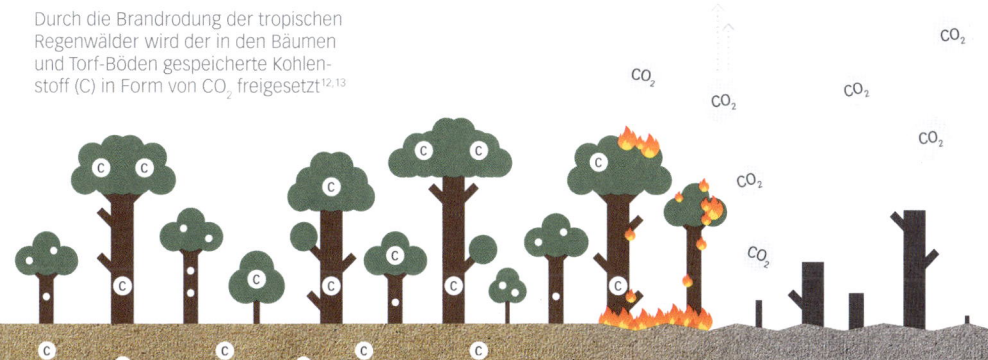

Durch die Brandrodung der tropischen Regenwälder wird der in den Bäumen und Torf-Böden gespeicherte Kohlenstoff (C) in Form von CO_2 freigesetzt[12,13]

METHAN- UND LACHGAS-EMISSIONEN

Von 2000 bis 2009 entstanden 29 % der globalen menschengemachten Methan (CH_4)-Emissionen durch die Förderung fossiler Brennstoffe.[1,2,3] Fast genauso viel Methan wird durch die Viehhaltung, vor allem durch die Verdauung der Rinder, erzeugt.[4] Knapp ein weiteres Viertel wird durch die Zersetzung von Abfall auf Mülldeponien freigesetzt.[5] Des Weiteren werden durch die Überschwemmung von Reisfeldern (Nassreisanbau) Zersetzungsprozesse in Gang gesetzt, die

Methan in die Atmosphäre freisetzen.[6] Die verbleibenden Emissionen entstehen durch die Verbrennung von Biomasse (z. B. Wald- und Buschbrände) und bei der Herstellung von z. B. aus Ölpalmen gewonnenem Biokraftstoff.[1,7]

Globale, menschengemachte
Methan-Emissionen[1]

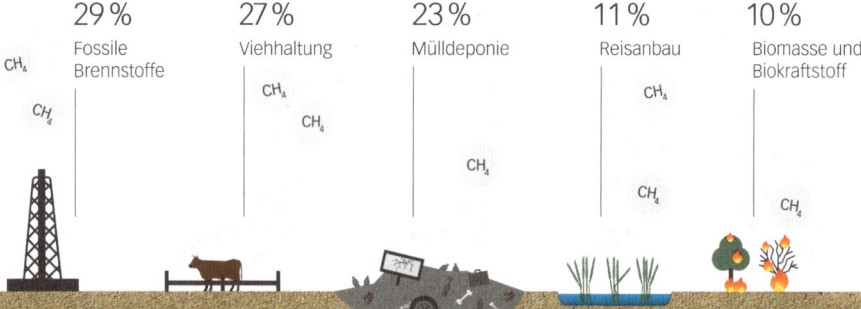

29 %	27 %	23 %	11 %	10 %
Fossile Brennstoffe	Viehhaltung	Mülldeponie	Reisanbau	Biomasse und Biokraftstoff

Die Landwirtschaft ist mit einem Anteil von 59 % mit Abstand der größte Verursacher von Lachgas (N_2O)-Emissionen[1]: Der in der Landwirtschaft eingesetzte Dünger enthält Stickstoff-Verbindungen, die auf den Feldern von Bakterien zum Teil zersetzt werden. Hierdurch entsteht Lachgas, das in die Atmosphäre freigesetzt wird.[8] Zudem setzen die Ausscheidungen von Nutztieren N_2O frei.[9] Die Verbrennung von Biomasse und Biokraftstoff hat genau wie die Verbrennung von fossilen Brennstoffen nur einen geringen Anteil (10 %) an den gesamten menschengemachten N_2O-Emissionen.[1] Da Stickstoff-Verbindungen in Flüsse gelangen (z. B. durch Abwasser sowie durch den in der Landwirtschaft genutzten Dünger) und dort von Bakterien zersetzt werden, setzen Flüsse ebenfalls Lachgas frei.[10,11] Die restlichen Emissionen entstehen durch andere Quellen – z. B. durch menschliche Exkremente.[1]

Globale, menschengemachte
Lachgas-Emissionen[1]

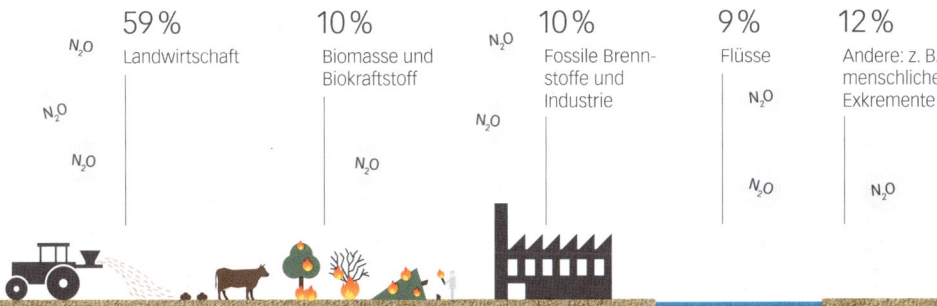

N_2O

N_2O

N_2O

59 %
Landwirtschaft

10 %
Biomasse und
Biokraftstoff

N_2O

N_2O

N_2O

10 %
Fossile Brennstoffe und
Industrie

9 %
Flüsse

N_2O

N_2O

12 %
Andere: z. B.
menschliche
Exkremente

N_2O

KOHLENSTOFFDIOXID-EMISSIONEN DER LÄNDER

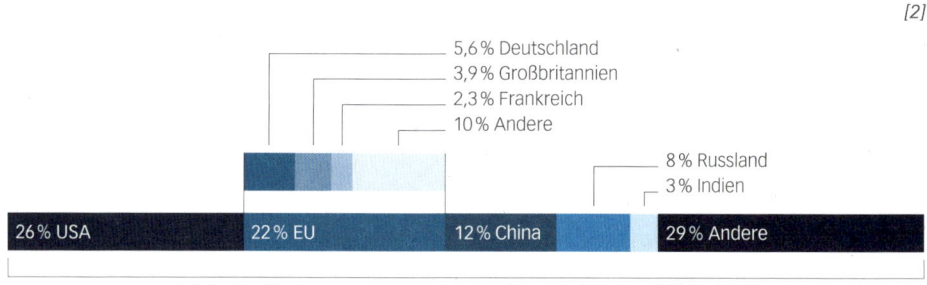

[1]

2,2 % Deutschland
1,1 % Großbritannien
1,0 % Italien
5,4 % Andere

7 % Indien
5 % Russland

29 % China | 14 % USA | 10 % EU | 35 % Andere

44 / 45

Anteile der Länder am globalen CO_2-Ausstoß im Jahr 2015[1,2]

[2]

5,6 % Deutschland
3,9 % Großbritannien
2,3 % Frankreich
10 % Andere

8 % Russland
3 % Indien

26 % USA | 22 % EU | 12 % China | 29 % Andere

Anteile der Länder am gesamten globalen CO_2-Ausstoß von 1918 bis 2012[3]

Im Jahr 2015 hat China vor den USA und der Europäischen Union (EU) mit Abstand am meisten Kohlenstoffdioxid (CO_2) durch die Verbrennung fossiler Brennstoffe ausgestoßen [1].[1,2]

Betrachtet man jedoch die historischen Emissionen, die aufgrund der langen Verweilzeit (S. 36) des CO_2 in der Erdatmosphäre auch noch heute zur globalen Erwärmung beitragen, ergibt sich ein anderes Bild: Die USA und die EU haben von 1918 bis 2012 deutlich mehr CO_2 ausgestoßen als China [2].[3] Daher sind vor allem die USA und die EU für den Anstieg der Temperatur seit Beginn der Industrialisierung verantwortlich.

Um die Emissionen der Länder vergleichbar zu machen, teilt man den CO_2-Ausstoß der Länder durch die Bevölkerungsanzahl und erhält die CO_2-Emissionen pro Kopf [3]. Allerdings werden die Emissionen, die bei der Herstellung einer Ware entstehen, meist dem Land zugeschrieben, in dem sie produziert wurde (Produktions-Prinzip). Werden die Pro-Kopf-Emissionen nach dem Konsum-Prinzip berechnet – d. h. die Emissionen werden dem Land zugeschrieben, in dem die Waren konsumiert werden – verringern sich die Emissionen pro Kopf von China, Indien und Russland und die Emissionen europäischer Länder und den USA steigen [4].[4]

CO_2-Emissionen pro Kopf im Jahr 2011 in Tonnen (Produktions-Prinzip)[4] [3]

CO_2-Emissionen pro Kopf im Jahr 2011 in Tonnen (Konsum-Prinzip)[4] [4]

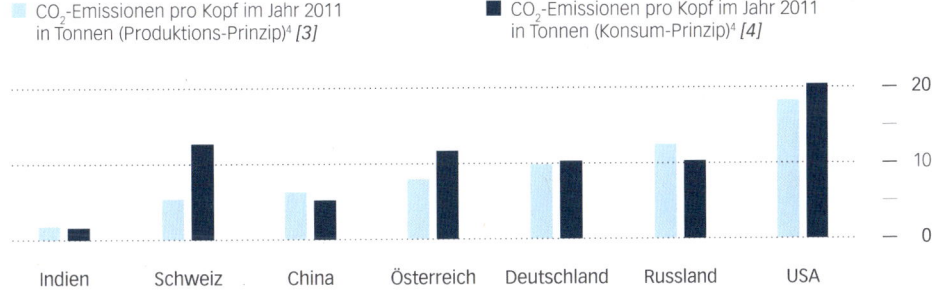

WAS SPRICHT NOCH FÜR DEN EINFLUSS DES MENSCHEN?

Mit Hilfe von Satelliten hat man die von der Erdoberfläche ins All abgestrahlte Wärmestrahlung gemessen. Dabei wurde beobachtet, dass genau der Anteil der Strahlung, der von Treibhausgasen aufgenommen werden kann, seit 1970 immer weniger ins Weltall abgestrahlt wird. Dies liegt daran, dass durch den Anstieg der Treibhausgaskonzentrationen der direkte Austritt der Wärmestrahlung zunehmend verhindert wird [1].[1] Außerdem hat man festgestellt, dass mehr Wärmestrahlung auf die Erdoberfläche zurückgestrahlt wird [2].[2,3] Dadurch hat sich die Troposphäre (untere Atmosphäre) erwärmt und die Stratosphäre (die darüberliegende Atmosphärenschicht) nachweislich abgekühlt [3].[4]

Ohne den Einfluss des Menschen

Mit dem Einfluss des Menschen

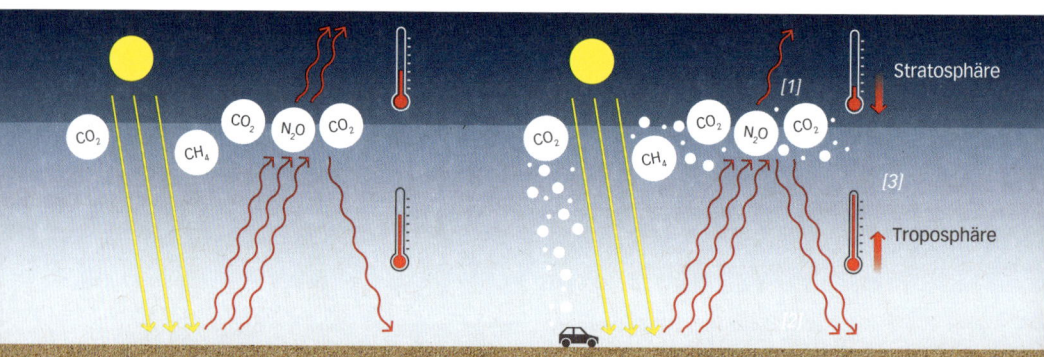

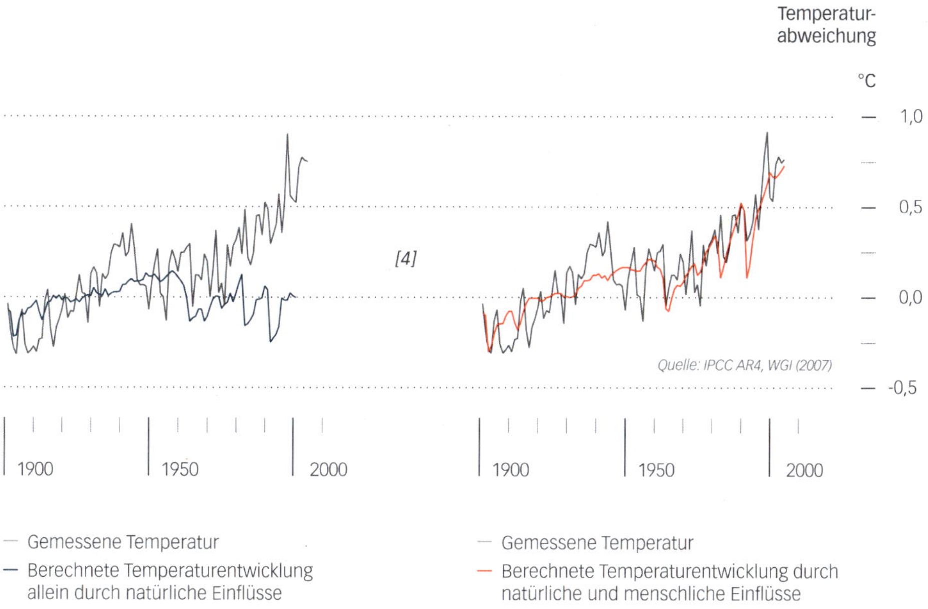

Temperatur-
abweichung

°C

— 1,0

— 0,5

[4]

— 0,0

Quelle: IPCC AR4, WGI (2007)

— -0,5

1900   1950   2000   1900   1950   2000

— Gemessene Temperatur

— Berechnete Temperaturentwicklung
   allein durch natürliche Einflüsse

— Gemessene Temperatur

— Berechnete Temperaturentwicklung durch
   natürliche und menschliche Einflüsse

→
Diese Ergebnisse zeigen, dass die Theorie des
menschengemachten Klimawandels in der Natur
nachgewiesen und damit bestätigt wurde. Des
Weiteren zeigen Klimamodellsimulationen, dass
der gemessene Temperaturanstieg ohne den
Einfluss des Menschen nicht zu erklären ist *[4]*.[5]

KAPITEL 3

DIE KRYOSPHÄRE

Als Kryosphäre wird die Gesamtheit aller Bereiche der Erde bezeichnet, auf denen Wasser in gefrorener Form vorkommt; somit alle schnee- und eisbedeckten Flächen, Gletscher und Permafrostböden.[1]

Oberflächen haben die Eigenschaft einen gewissen Anteil der auftreffenden Strahlung zu reflektieren. Der Anteil der reflektierten Strahlung wird als Albedo bezeichnet.[2]

Unter Permafrost versteht man Untergrund, welcher über mindestens zwei Jahre hinweg Temperaturen von 0 °C oder weniger aufweist.[3]

Inlandeis entsteht
durch Verdichtung
von Schnee.[2]

Meereis entsteht durch Gefrieren
des Meerwassers.[2]

Schelfeis entsteht durch
»Fließen« von Inlandeis ins
Meer.[4]

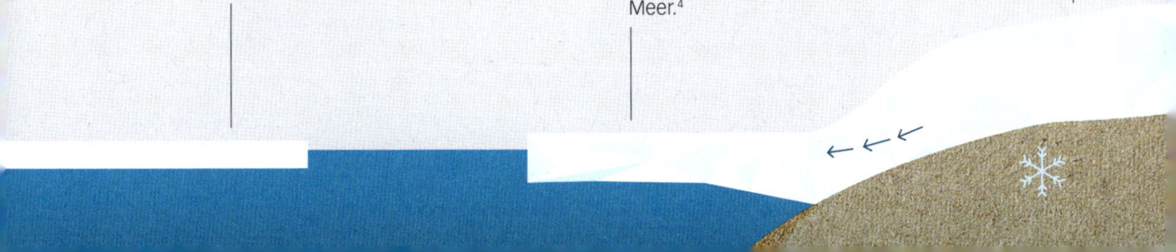

ARKTIS

Meereis entsteht durch Gefrieren von Meerwasser. Es hat eine geringere Dichte als Meerwasser und schwimmt deshalb an der Wasseroberfläche.[1] Es kann mehrere Meter dick werden, wobei nur etwa 12 % des Meereises aus dem Wasser ragen.[2,3]

1979

Nordpol

In der Arktis lassen sich die Folgen des Klimawandels besonders deutlich erkennen, da hier die Lufttemperatur deutlich stärker steigt als die durchschnittliche Lufttemperatur der gesamten Erde.[4,5] Von 1979 bis 2016 ging die Fläche des Meereises der Arktis, gemessen jeweils im September, um ca. 43 % zurück. Dies entspricht einem jährlichen Rückgang einer Fläche, die größer ist als Österreich.[6,7] Im gleichen Zeitraum reduzierte sich auch die Eisdicke, sodass das Volumen um ca. 77 % abgenommen hat, was den gesamten Eisverlust des Meereises der Arktis verdeutlicht. Würde man diese Menge Eis über Deutschland verteilen, so wäre Deutschland mit einer über 33,5 Meter hohen Eisschicht bedeckt.[8,9,10]

2016

Volumenverlust des Meereises der Arktis um ca. 77 %

EIS-ALBEDO-RÜCKKOPPLUNG

Oberflächen haben die Eigenschaft, einen gewissen Anteil der auftreffenden Strahlung zu reflektieren.[1,2] Beispielsweise reflektiert Schnee mehr Einstrahlung als eine waldbedeckte Fläche.[3] Der Anteil der reflektierten Strahlung wird als Albedo bezeichnet.[2]

Schnee und Eis reflektieren einen hohen Anteil der einfallenden Strahlung zurück ins Weltall (hohe Albedo). Schmilzt eine mit Schnee oder Eis bedeckte Oberfläche durch höhere Temperaturen, wird die sich darunter befindende, meist dunklere Fläche – z. B. Wasser oder Gestein – freigelegt. Diese reflektiert nun deutlich weniger Strahlung (geringe Albedo) und erwärmt sich.[3] Folglich nimmt auch die Erwärmung der Erde weiter zu, was zu einer noch größeren Schnee-

Ausgangssituation

Das Eis schmilzt durch höhere Temperaturen

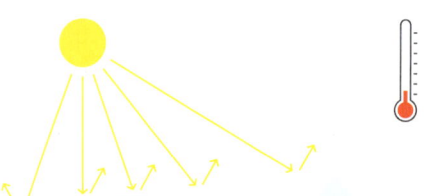
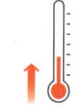

und Eisschmelze und einer zusätzlichen Erwärmung führt. Dieser sich selbst verstärkende Prozess wird als Eis-Albedo-Rückkopplung bezeichnet.[4]

Der Eis-Albedo-Rückkopplungseffekt spielt besonders in der Arktis eine wichtige Rolle. Durch ein vermehrtes Abschmelzen des Meereises im arktischen Sommer wird deutlich mehr Wärme vom Ozean aufgenommen als es bei Eisbedeckung der Fall wäre. Durch den entsprechend wärmeren Ozean schmilzt das Eis nun nicht nur durch die Sonneneinstrahlung, sondern auch vermehrt aufgrund des wärmeren Meerwassers, was den Schmelz-Effekt zusätzlich verstärkt.[5]

→
Durch das Schmelzen von Schnee und Eis wird die Erwärmung der Erde verstärkt.

Weniger Sonnenstrahlung wird zurück ins All reflektiert

Rückkopplung verstärkt die Erwärmung

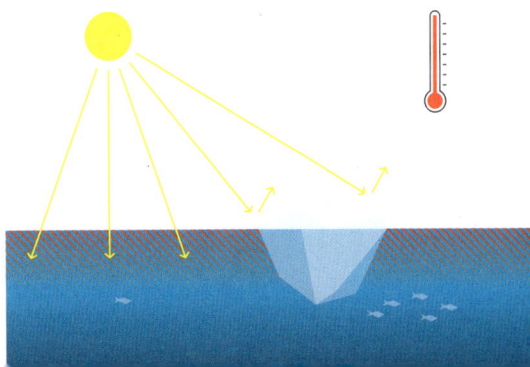

LANDEIS

Als Eiskappe wird eine meist flache, mit Eis bedeckte Fläche bezeichnet, welche kleiner als 50.000 km² ist und sich auf Land, hauptsächlich in Polar- und Subpolargebieten,[1] befindet. Ist die Fläche größer, so bezeichnet man sie als Eisschild oder Inlandeis.[2] Aktuell gibt es zwei Eisschilde auf der Erde: den Antarktischen und den Grönländischen Eisschild.[3]

Muir-Gletscher: Alaska, 1941
1941 – William Osgood Field @ National Snow and Ice Data Center

Eine der bekanntesten Auswirkungen des Klimawandels dürfte der Rückgang von Gebirgsgletschern und Eiskappen sein. Höhere Temperaturen und lokal unterschiedliche Faktoren – wie die jährliche Schneefallmenge – wirken sich auf den Gletscherrückgang aus.[4,5] Doch Gebirgsgletscher und Eiskappen machen nur einen kleinen Teil der weltweiten Eismassen aus. Der größte Teil – mehr als 99 % der weltweiten, sich auf Land befindenden Eismasse – stellen die Eisschilde Grönlands und der Antarktis dar.[3]

Muir-Gletscher: Alaska, 2013
2013 © Fabiano Ventura – www.onthetrailoftheglaciers.com

→
Fast alle weltweit beobachteten Gletscher
verlieren langfristig an Masse.[6]

Aber nicht nur Gletscher ziehen sich zurück,
sondern es liegt auch immer weniger Schnee
auf der Nordhalbkugel. Von 1966 bis heute
sind im Schnitt jedes Jahr ca. 213 km^2 weniger
Land mit Schnee bedeckt als im Vorjahr.[7]

GRÖNLANDEIS

Der Grönländische Eisschild ist nach dem Antarktischen der zweitgrößte Eisschild der Erde.[1] Er bedeckt fast die gesamte Landfläche Grönlands[1] und ist an manchen Stellen mehr als drei Kilometer dick.[2]

Das Abbrechen von Eis am Rande von Gletschern ins Meer wird als »Kalben« bezeichnet[9]

[1]

Anders als das Meereis der Arktis befindet sich der Grönländische Eisschild auf Land. Durch sein Schmelzen steigt der Meeresspiegel. Würde die gesamte Masse des Eisschildes »verloren« gehen, hätte dies eine Erhöhung des Meeresspiegels um mehr als sieben Meter zur Folge.[1] Zwischen 2002 und 2016 sorgte der Massenverlust des Grönländischen Eisschildes für einen jährlichen Anstieg des Meeresspiegels von ca. 0,8 mm.[3,4] Dies entspricht einem durchschnittlichen jährlichen Massenverlust von etwa 280 Gigatonnen (280 Milliarden Tonnen) Eis.[4] Er entsteht hauptsächlich durch das vermehrte Kalben von Eisbergen[5,6] *[1]* und durch das Schmelzen des Eises auf der Oberfläche.[7] Dabei gilt es zu beachten, dass der Grönländische Eisschild in den letzten Jahren immer schneller an Masse verlor.[3,4,8]

Grönland

ANTARKTIS

Die Antarktis ist vom größten Eisschild der Erde bedeckt.[1] Der Großteil des Eises der Antarktis befindet sich dabei auf Land. Ein weiterer, damit verbundener Teil ist als schwimmendes Schelfeis den Küsten vorgelagert.[2,3] In der Antarktis gibt es so viel Eis, dass durch ein Schmelzen des gesamten Eisschildes der Meeresspiegel um etwa 58 Meter steigen würde.[1] Anders als in der Arktis nahm die Fläche des Meereises von 1979 bis 2016 im jährlichen Durchschnitt um etwa 0,16 % zu.[4] Im Gegensatz dazu verliert der Eisschild insgesamt an Masse: Während sich in der Ostantarktis durch vermehrten Schneefall eine leichte Zunahme des Inlandeises beobachten lässt,[5] verliert es in der Westantarktis an Masse.[3] Dieser Massenverlust ergibt sich zum größten Teil dadurch, dass in der Westantarktis die Schelfeise durch relativ wärmeres Meerwasser schmelzen.[6] In Folge dessen wird das aus dem Inland strömende Eis weniger stark zurückgehalten. Dadurch erhöht sich die Fließgeschwindigkeit der Eisströme aus dem Inland, wodurch diese mehr Eis in den Ozean transportieren können als durch Schneefall neu gebildet wird.[7-10] Da an vielen Stellen der Westantarktis das Eis zum Inland hin immer tiefer auf Land unterhalb des Meeresspiegels aufsitzt, erhöht sich bei einem Rückgang des Eises auch die Angriffsfläche für wärmeres Meerwasser. Dies kann den Schmelzprozess und folglich die Fließgeschwindigkeit der Eisströme immer weiter beschleunigen.[10,11]

→

Insgesamt ergibt sich von 2003 bis 2016 ein jährlicher Massenverlust des Inlandeises von etwa 141 Gigatonnen (141 Milliarden Tonnen) Eis.[7]

Grafik rechts:
Durchschnittliche Veränderung der Massenbilanz des Eises in der Antarktis zwischen 2003 und 2016 pro Jahr
Quelle: nach Sasgen et al. (2017)

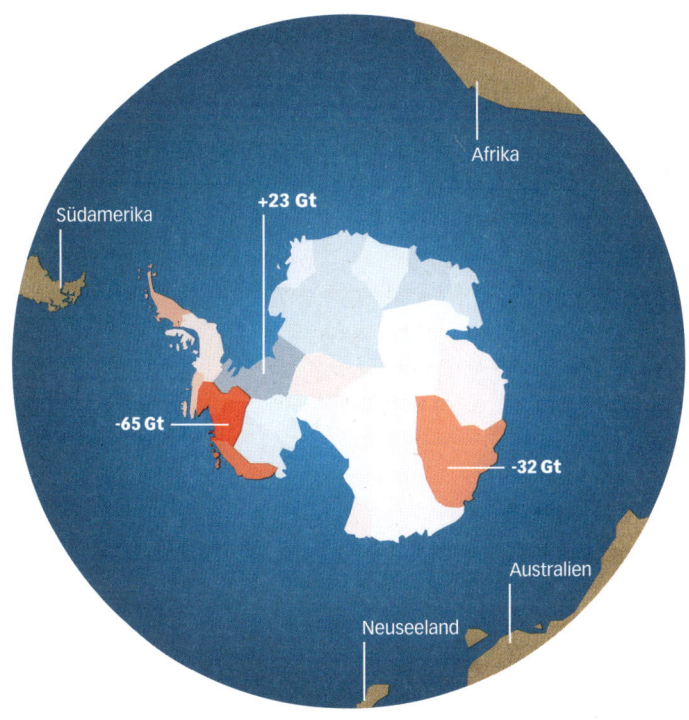

Südamerika

Afrika

+23 Gt

-65 Gt

-32 Gt

Australien

Neuseeland

Abnahme   Zunahme

EISSCHMELZE UND MEERES-SPIEGELANSTIEG

Wie der Name Landeis bereits sagt, wird unter diesem Begriff jenes Eis verstanden, das sich auf dem Land befindet. Schmilzt dieses Eis, so fließt das Schmelzwasser ins Meer und sorgt für eine Erhöhung des Meeresspiegels (S.72). Ein Schmelzen des gesamten Landeises hätte einen Anstieg des Meeresspiegels von etwa 66 Metern zur Folge.[1]

Anders verhält es sich mit Meer- und Schelfeis, welches sich bereits im Wasser befindet. Hat Wasser und sich darin befindendes Eis den glei-

Beim Schmelzen des Meereises entsteht annähernd die gleiche Menge Wasser, wie zuvor durch das Meereis verdrängt wurde.

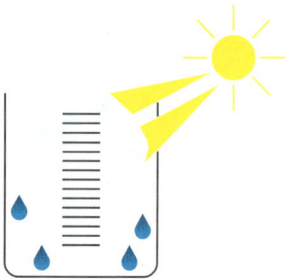

chen Salzgehalt, so entsteht beim Schmelzen des Eises genau so viel Wasser, wie zuvor durch dieses verdrängt wurde; veranschaulicht mit der unteren Grafik. Aufgrund des unterschiedlichen Salzgehaltes von Meer- und Schelfeis auf der einen Seite, und dem Meerwasser auf der anderen Seite, verdrängt das Eis allerdings etwas weniger Wasser als beim Schmelzen entsteht. Deshalb würde das Schmelzen des gesamten Meer- und Schelfeises zu einem leichten Meeresspiegelanstieg von ca. 4 cm führen.

Mit ca. 3,6 cm trägt Schelfeis den größten Anteil dazu bei.[2]

→
Das Schmelzen des Meereises der Arktis hat damit kaum einen Einfluss auf den Meeresspiegel.

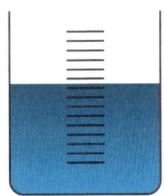

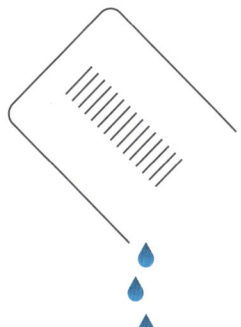

PERMAFROST

Unter Permafrost versteht man Untergrund, welcher über mindestens zwei Jahre hinweg Temperaturen von 0 °C oder weniger aufweist.[1] Permafrost kommt in kalten Regionen wie beispielsweise in Sibirien, Kanada, Alaska[2] oder in Gebirgen vor[3] und bedeckt ca. 24 % der Landfläche der Nordhalbkugel.[4]

Durch die globale Erwärmung beginnt der Permafrost im Polarsommer länger und tiefer zu tauen.[5] In ihm wurden über Tausende von Jahren Tier- und Pflanzenreste konserviert. Taut der Permafrost auf, sind diese den mikrobiologischen Zersetzungsprozessen ausgesetzt. Diese wandeln den in den Pflanzen und Tieren enthaltenen Kohlenstoff in Kohlenstoffdioxid (CO_2) und Methan (CH_4) um, die nun in die Atmosphäre gelangen können [1].[6] Infolge höherer Temperaturen kommt es aber auch zu vermehrtem Pflanzenwachstum. Kurzfristig können die Pflanzen mehr CO_2 aufnehmen als durch das Tauen freigesetzt wird [2] – langfristig jedoch nicht [3].[7] Das verstärkt die Erwärmung der Erde zusätzlich und sorgt dadurch für ein weiteres Tauen des Permafrosts. Dieser sich selbst verstärkende Prozess wird als Permafrost-Kohlenstoff-Rückkopplung bezeichnet. Dadurch kann sich die Erde schneller erwärmen als man es nur durch menschliche Emissionen erwarten würde.[6]

→

Das Tauen des Permafrosts setzt Treibhausgase frei und verstärkt die globale Erwärmung.[6]

WEITERE FOLGEN DES TAUENDEN PERMAFROSTS

Gefrorenes Wasser hält den Permafrost stabil. Durch ein Auftauen des Permafrosts wird der Untergrund instabil und es kann zu Schäden an der Infrastruktur kommen; beispielsweise an Gebäuden, Pipelines oder dem Verkehrsnetz.[1,2] Der instabile Boden kann zudem auch Erdrutsche begünstigen.[3] Permafrost in Gebirgen, wie den Alpen, hat einen stabilisierenden Effekt auf Felshänge; ein Auftauen kann hier zu vermehrten Felsabbrüchen führen.[4]

Auch kommt es durch das Tauen des Permafrosts in Kombination mit dem sich verringernden Meereis und dem Anstieg der Luft- und Meerestemperatur zu verstärkter Küstenerosion.[1,5] Diese schreitet immer schneller voran und beträgt im Durchschnitt 0,5 Meter pro Jahr, wobei es dabei große Unterschiede gibt[6]; so verzeichnen beispielsweise einige Küsten in Alaska einen jährlichen Rückgang von durchschnittlich 13,5 Meter.[7]

KAPITEL 4

DIE OZEANE

*Die Ozeane bedecken über 70 % der Erdober-
fläche und haben eine herausragende Bedeutung
für unser Klima, da sie große Mengen von Wärme
transportieren.[1,2] Außerdem wirken sie als
Puffer für die globale Erwärmung: Sie nehmen
einen Teil der menschengemachten CO_2-
Emissionen und einen großen Teil der Energie,
die durch den menschengemachten Treibhauseffekt auf der Erde gehalten wird, auf.[3,4]*

AUSWIRKUNGEN AUF DIE OZEANE

Von 1971 bis 2010 haben die Ozeane 93 % derjenigen Energie aufgenommen, die durch den menschengemachten Klimawandel zusätzlich auf der Erde gehalten wurde.[1] Hierdurch ist die Temperatur der Meeresoberfläche von 1880 bis 2015 um 0,8 °C gestiegen; auch die darunterliegenden Meeresschichten haben sich erwärmt.[1,2] Außerdem werden die Ozeane saurer, da sie ca. 22 % der menschengemachten CO_2-Emissionen aufnehmen.[3] Dadurch schwächen die Ozeane die globale Erwärmung der Atmosphäre ab. Die Meeresbewohner hingegen werden durch die Erwärmung und die Versauerung der Ozeane zunehmend unter Stress gesetzt (S. 100).[4]

Da sich Gase in warmen Flüssigkeiten schlechter lösen als in kalten, können wärmere Meere zum einen weniger menschengemachte CO_2-Emissionen aufnehmen.[5] Somit wird die Pufferfunktion der Ozeane durch die fortschreitende Erwärmung immer mehr geschwächt.[6] Zum anderen sinkt auch der Sauerstoffgehalt in den Ozeanen, wodurch die Meeresbewohner zusätzlich unter Stress gesetzt werden.[7]

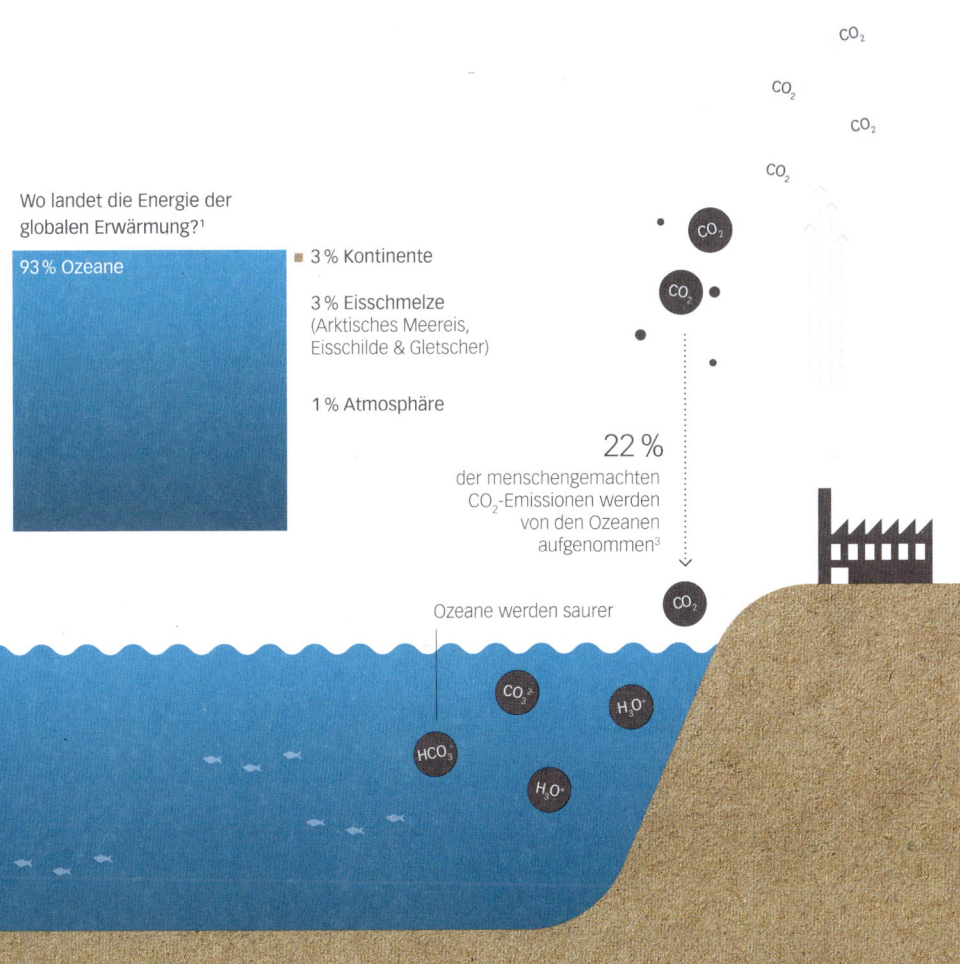

CO₂

CO₂

CO₂

CO₂

Wo landet die Energie der globalen Erwärmung?[1]

93 % Ozeane

■ 3 % Kontinente

3 % Eisschmelze
(Arktisches Meereis,
Eisschilde & Gletscher)

1 % Atmosphäre

CO₂

CO₂

22 %
der menschengemachten
CO_2-Emissionen werden
von den Ozeanen
aufgenommen[3]

CO₂

Ozeane werden saurer

CO_3^{2-}

H_3O^+

HCO_3^-

H_3O^+

WASSERDAMPF-RÜCKKOPPLUNG

Ausgangssituation

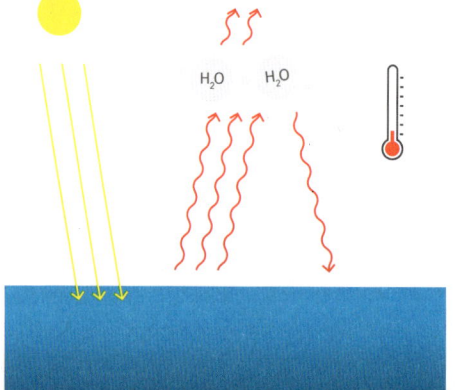

Durch Erwärmung verdunstet mehr Wasser

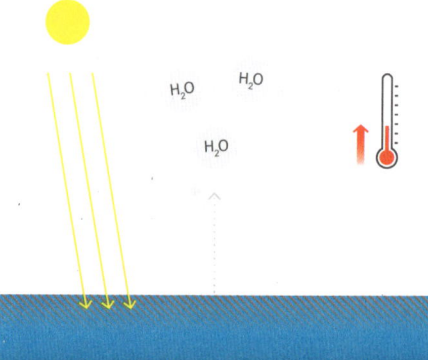

Warme Luft kann mehr Wasserdampf aufnehmen als kalte Luft. Durch einen Anstieg der Lufttemperatur, steigt daher der Wasserdampfgehalt in der Atmosphäre.[1] Da es sich bei Wasserdampf auch um ein Treibhausgas handelt, verstärkt der zusätzliche Wasserdampf in der Atmosphäre den Treibhauseffekt und die Temperatur steigt stärker an.[2] Dadurch wird ein sich selbst verstärkender Prozess in Gang gesetzt, den man als Wasserdampf-Rückkopplung bezeichnet und der die globale Erwärmung beschleunigt.[3]

Treibhauseffekt wird verstärkt

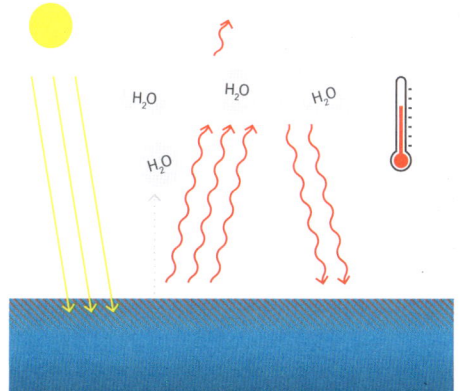

Rückkopplung verstärkt die Erwärmung

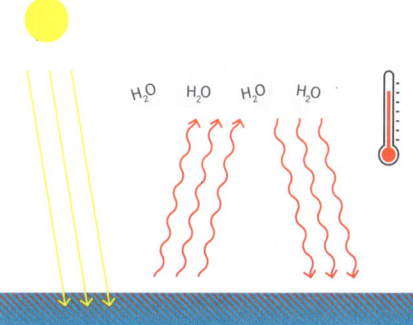

DER ANSTIEG DES
MEERESSPIEGELS

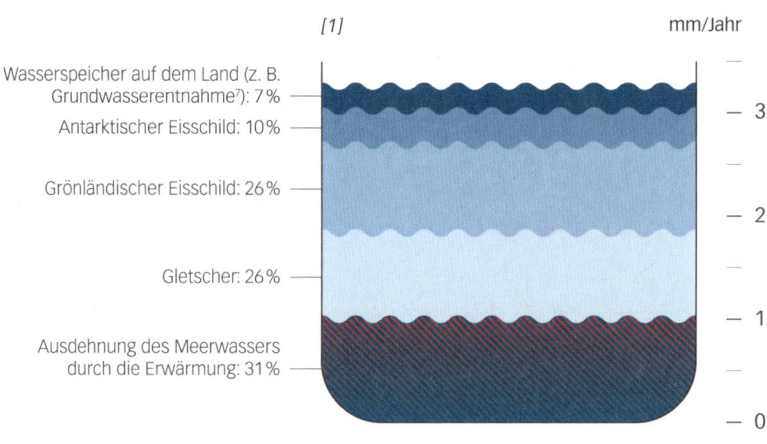

[1]   mm/Jahr

Wasserspeicher auf dem Land (z. B.
Grundwasserentnahme[7]): 7 %

Antarktischer Eisschild: 10 %

Grönländischer Eisschild: 26 %

Gletscher: 26 %

Ausdehnung des Meerwassers
durch die Erwärmung: 31 %

Beitrag zum Meeresspiegelanstieg im Jahr 2014[4]

Da sich die Ozeane durch die globale Erwärmung stark erwärmt haben, dehnt sich das Meerwasser aus, wodurch der Meeresspiegel steigt.[1,2] Außerdem schmelzen Gletscher und Eisschilde infolge der gestiegenen Lufttemperatur. Aufgrund dessen ist der Meeresspiegel von 1880 bis 2013 um insgesamt 23 cm gestiegen.[3] Im Jahr 2014 lag der Anstieg bei 3,3 mm *[1]*.[4] Beim Übergang von Eiszeiten zu Warmzeiten ist der Meeresspiegel durch das Schmelzen großer Eismassen deutlich stärker angestiegen als heute (10 - 15 mm pro Jahr).[5] Vergleicht man allerdings den durchschnittlichen jährlichen Meeresspiegelanstieg in den letzten fünfzehn Jahren, im vergangenen Jahrhundert und in den letzten 2000 Jahren, erkennt man, dass der Meeresspiegel immer schneller ansteigt *[2]*.[5,6]

Jährlicher Meeresspiegelanstieg im Vergleich[5,6]

mm/Jahr

[2]

letzte 2000 Jahre — 0,2
20. Jahrhundert — 1,7
2002–2016 — 3,5

VERÄNDERUNG DER OZEANISCHEN ZIRKULATION

Die atlantische meridionale Umwälzbewegung (Atlantic Meridional Overturning Circulation, AMOC) ist ein Teil des globalen Förderbandes (S. 16).[1] Sie transportiert mit dem Golfstrom [1] und dem Nordatlantikstrom [2] große Wärmemengen von den Tropen in den nördlichen Atlantik und trägt damit zum moderaten Klima in Nordwesteuropa bei.[2] Das nach Norden strömende warme und salzreiche Oberflächenwasser gibt seine Wärme im Nordatlantik an die Atmosphäre ab. Dadurch wird das Meerwasser kälter und dichter, weshalb es absinkt und in der Tiefe zurück nach Süden strömt.[3] Die Vermischung der Wassermassen im tiefen Ozean und der Windantrieb im südlichen Ozean führen zum Auftrieb des Tiefenwassers, wodurch es im Süden wieder an die Oberfläche befördert wird.[4] Damit wird der Zyklus der AMOC vollendet.

Mit dem fortschreitenden Klimawandel schmilzt der Grönländische Eisschild (S. 56). Das salzarme Schmelzwasser verringert die Dichte des Oberflächenwassers im nördlichen Nordatlantik. Das wiederum könnte dazu führen, dass die Wassermassen nicht mehr so stark absinken, wodurch die AMOC abgeschwächt werden könnte.[5] Bisher lässt sich diese Entwicklung nicht eindeutig feststellen, aber Modellsimulationen zeigen, dass sich die AMOC durch den Anstieg der menschengemachten Treibhausgasemissionen bis zum Ende des 21. Jahrhunderts um 11 bis 34 % abschwächen könnte.[6,7,8] Dies würde die fortschreitende Erwärmung in Europa (insbesondere auf den britischen Inseln und in Skandinavien) abschwächen.[9,10] Allerdings können weitere Folgen auftreten, wie z. B. die Veränderung von Zirkulationsmustern (Winde), wodurch Stürme in Europa verstärkt auftreten könnten.[11]

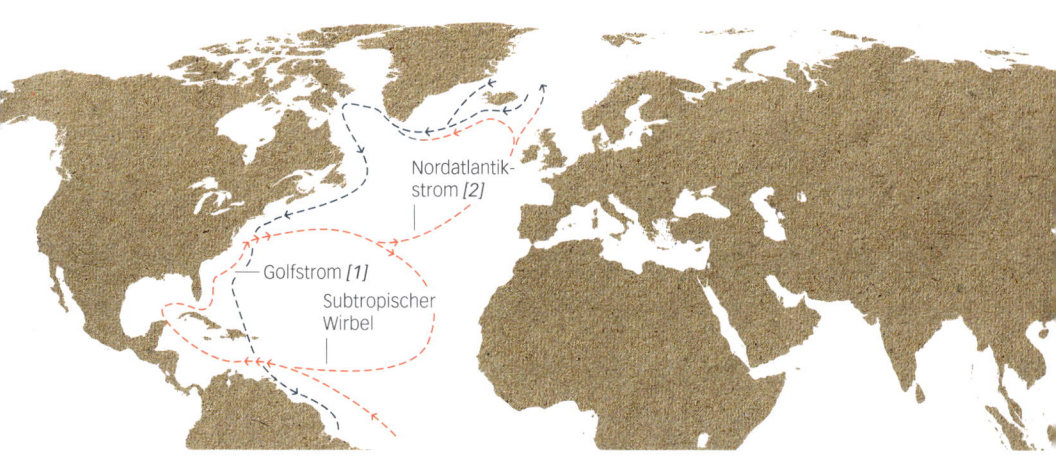

— warme Oberflächenströmung   — kalte Tiefenwasserströmung

KAPITEL 5

WETTER- UND KLIMAEXTREME

Wetter- und Klimaereignisse werden meist als extrem definiert, wenn sie gewisse Grenzwerte überschreiten oder nur mit einer geringen Wahrscheinlichkeit auftreten. Allerdings gibt es keine allgemeingültige Definition für Wetter- und Klimaextreme.[1]

HITZE UND KÄLTE

Durch den Klimawandel steigt die Zahl der Hitzerekorde[1] und Hitzewellen.[2] Von 1951 bis 1980 traten auf weniger als einem Prozent der Landfläche der Erde außergewöhnlich hohe Temperaturen im Sommer auf. Als außergewöhnlich hoch wurden bei diesem Beispiel Temperaturen definiert, welche theoretisch nur mit einer Wahrscheinlichkeit von maximal 0,13 %, also sehr selten, auftreten. Diese damals noch seltenen Ereignisse traten im Zeitraum von 2001 bis 2010 bereits auf ca. 10 % der Landfläche auf.[3] Außerdem hat sich der jährliche Zeitraum, in welchem Waldbrände auftreten können, von 1979 bis 2013 im globalen Durchschnitt um ca. 19 % verlängert.[4] Dabei ist allerdings zu beachten, dass der direkte Auslöser für Waldbrände oftmals menschlichen Ursprungs ist, beispielsweise durch Unachtsamkeit oder Brandstiftung.[5]

Im Gegensatz zu Hitzewellen treten extreme Kälteperioden immer seltener auf und sind schwächer ausgeprägt.[6] Dies liegt an der Verschiebung der Temperaturverteilung durch den Klimawandel und lässt sich gut an der Abbildung auf der rechten Seite erkennen. Trotz der globalen Erwärmung kann es also lokal weiterhin zu Kälteextremen kommen – wenn diese auch seltener und in abgeschwächter Form zu erwarten sind.[7]

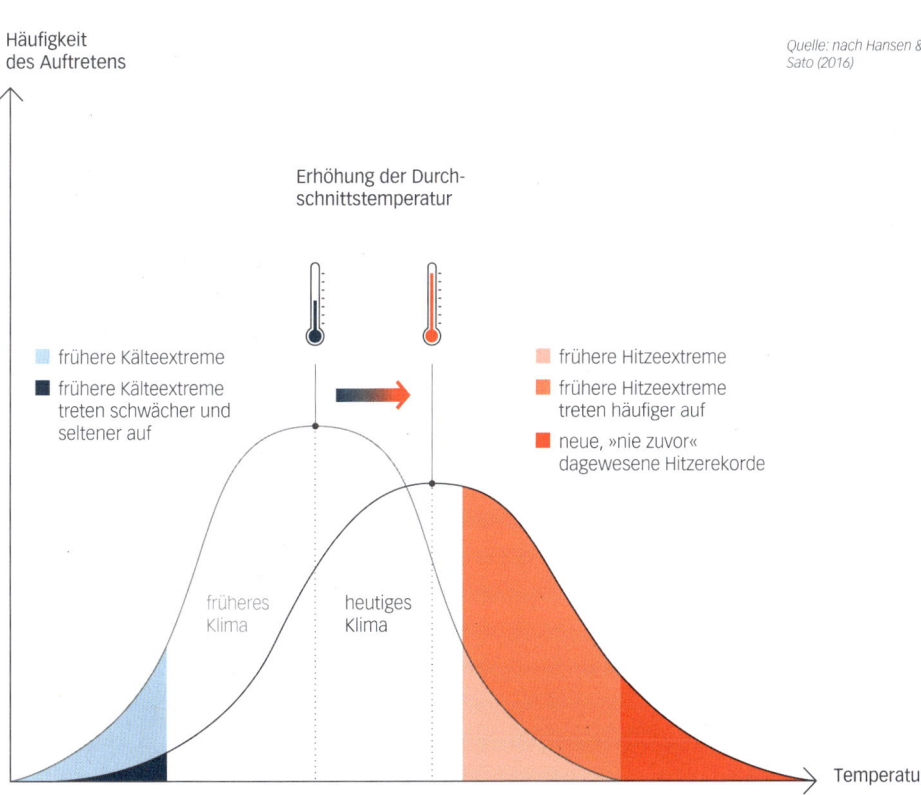

Häufigkeit
des Auftretens

Quelle: nach Hansen & Sato (2016)

Erhöhung der Durch-
schnittstemperatur

frühere Kälteextreme

frühere Kälteextreme
treten schwächer und
seltener auf

frühere Hitzeextreme

frühere Hitzeextreme
treten häufiger auf

neue, »nie zuvor«
dagewesene Hitzerekorde

früheres
Klima

heutiges
Klima

Temperatur

NIEDERSCHLAG UND ÜBERSCHWEMMUNG

Durch höhere Temperaturen kann die Luft mehr Wasserdampf aufnehmen, wodurch der Wasserdampfgehalt in der Atmosphäre steigt. Auch verdunstet bei höheren Temperaturen und ausreichend vorhandener Feuchtigkeit (z. B. über den Ozeanen) mehr Wasser. Dadurch wird der Wasserkreislauf intensiviert, sodass es zu höheren Niederschlagsmengen kommen kann.[1,2] Da Wasserdampf nicht am Ort der Verdunstung wieder als Niederschlag fällt,[1] kommt es in Kombination mit sich verändernden Zirkulationsmustern zu einer zunehmend ungleichen

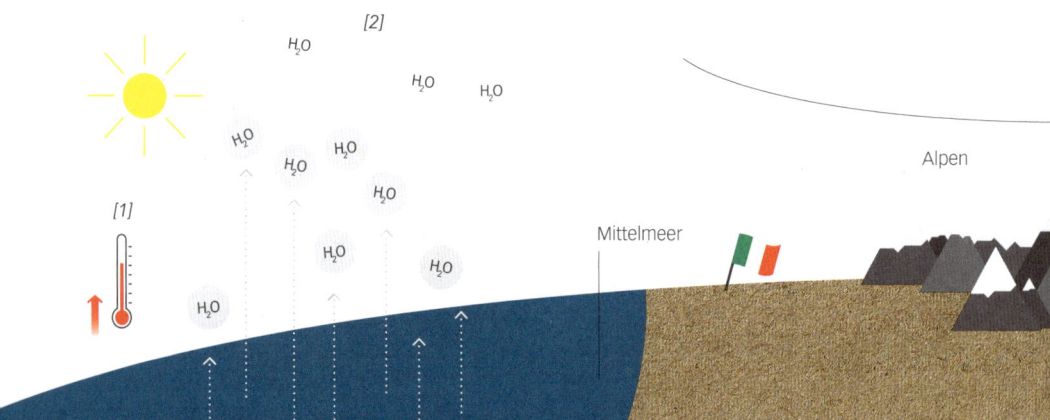

[2]

H_2O

H_2O H_2O

H_2O H_2O

H_2O

H_2O

H_2O

H_2O

[1]

H_2O

Alpen

Mittelmeer

Verteilung der Niederschlagsmengen.[3] Trockene Gebiete, wie z. B. die der Subtropen, werden häufig noch trockener und feuchte Gebiete, wie die mittleren Breiten oder die Tropen, werden noch feuchter.[3,4,5]

Auch Starkregenereignisse werden im globalen Durchschnitt häufiger[2] und sowohl in trockenen als auch feuchten Gebieten stärker.[6] Aktuell können dabei ca. 18 % der weltweiten Starkregenereignisse über Land auf die globale Erwärmung zurückgeführt werden.[7] Die Zunahme die-

ser extremen Niederschlagsereignisse kann regional allerdings sehr unterschiedlich ausfallen.[2] Beispielsweise hat sich das Mittelmeer in den letzten Jahrzehnten deutlich erwärmt [1]. Durch die Erwärmung verdunstet mehr Wasser über dem Mittelmeer [2], welches bei einer bestimmten Anordnung der Hoch- und Tiefdruckgebiete nach Norden transportiert wird (Vb-Zugbahn) [3] und in Mitteleuropa zu vermehrten Starkregenereignissen und Überschwemmungen führen kann [4].[8]

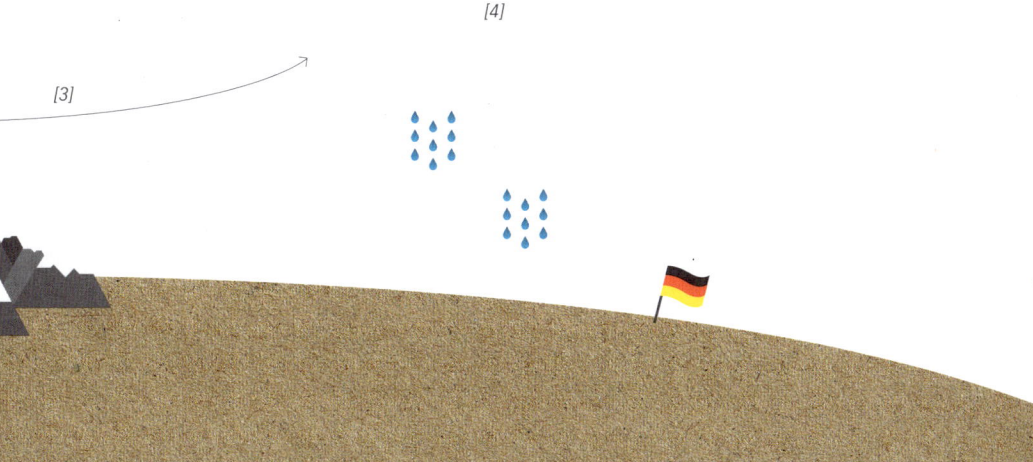

[4]

[3]

DÜRREN

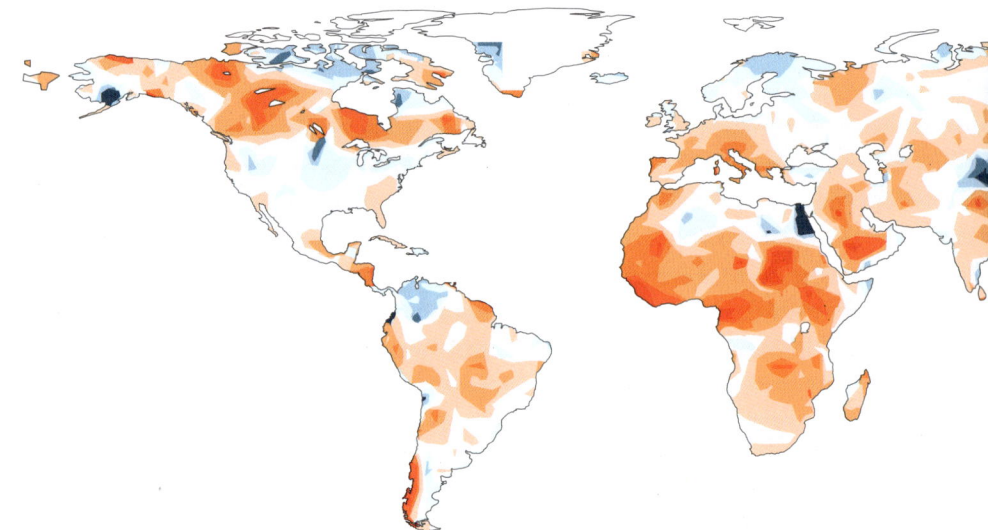

Regionen, in denen die Trockenheit zwischen 1950 und
2012 zu- bzw. abgenommen hat

Angepasst mit Erlaubnis von © Springer Nature nach: Dai & Zhao.
Uncertainties in historical changes and future projections of drought.
Part 1: estimates of historical drought changes. Springer Nature: Clim.
Change 144, 519-533 (2017).

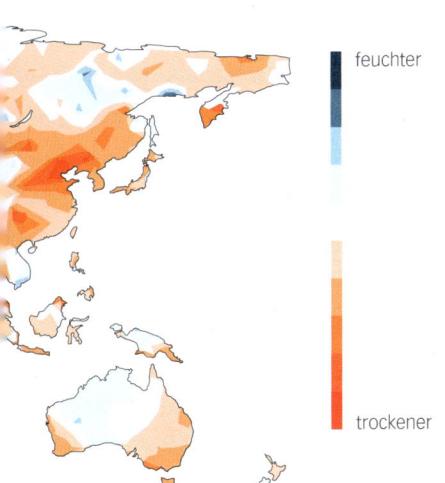

feuchter

trockener

Da in der Wissenschaft der Begriff der Dürre unterschiedlich definiert werden kann, ist es schwierig, eine allgemeine Aussage über die globale Entwicklung von Dürren zu treffen. Es lässt sich jedoch festhalten, dass natürliche Faktoren ausschlaggebend dafür sind, wo und wann Dürren auftreten. Allerdings führt die globale Erwärmung zu einer verstärkten lokalen Verdunstung der Bodenfeuchte und somit zu einer größeren Wahrscheinlichkeit für ein schnelleres Eintreten und eine größere Intensität von Dürren.[1] Zudem haben sich die global trockenen Landflächen seit Mitte des 20. Jahrhunderts durch den Klimawandel vergrößert; besonders über Afrika, Südeuropa, Ost- und Südasien sowie über vielen Teilen der nördlichen, mittleren bis hohen Breiten. Dadurch könnte das Risiko für das Eintreten von Dürren in Zukunft steigen.[2,3]

TROPISCHE WIRBELSTÜRME

Ein direkter Zusammenhang der Zunahme tropischer Wirbelstürme mit dem Klimawandel lässt sich heute nur bei den stärksten Stürmen belegen.[1,2] Es wird allerdings angenommen, dass durch den Klimawandel zukünftig insgesamt weniger tropische Wirbelstürme auftreten könnten; schwache Stürme werden vermutlich abnehmen und stärkere Stürme gleichzeitig zunehmen[1,3]:

Tropische Wirbelstürme bilden sich über dem Ozean ab einer Wassertemperatur von 26 °C, da sie für ihre Entstehung warme, feuchte Luft als »Antrieb« benötigen.[4,5,6] Durch den Klimawandel steigt die Wassertemperatur *[1]* und damit die Verdunstung, wodurch den Stürmen mehr Energie zugeführt wird *[2]* und es folglich zu stärkeren Stürmen kommen kann *[3]*.[4,7] Auch ist zu erwarten, dass zukünftige Wirbelstürme durch den erhöhten Wasserdampfgehalt der Luft mit stärkeren Niederschlägen einhergehen.[3]

Auf der anderen Seite sorgt die globale Erwärmung für geringere Auf- und Abwärtsbewegungen der Luft (höhere atmosphärische Stabilität) und eine Verstärkung von sich in der Windrichtung und oder Windgeschwindigkeit unterscheidenden übereinander liegenden horizontalen Luftströmungen. Dies ist beispielsweise der Fall in höheren Lagen der Entstehungsregionen atlantischer Wirbelstürme in West- und Mittelafrika. Dadurch kann die Bildung tropischer Wirbelstürme behindert werden, sodass die Anzahl dieser insgesamt eher abnehmen könnte.[8,9]

→

Durch den Klimawandel könnte die Anzahl tropischer Wirbelstürme insgesamt abnehmen; starke Stürme allerdings häufiger auftreten und noch stärker werden sowie mit intensiveren Niederschlägen einhergehen.

Ausgangssituation

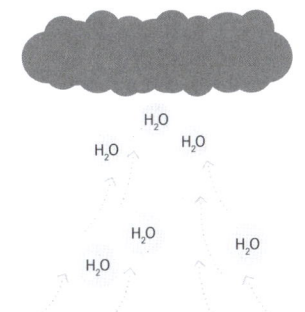

H₂O

H₂O H₂O

H₂O

H₂O H₂O

Verstärkung durch den Klimawandel

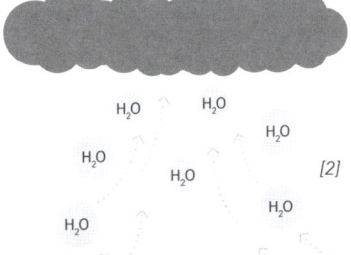

H₂O H₂O

H₂O

H₂O

H₂O [2]

H₂O H₂O

H₂O

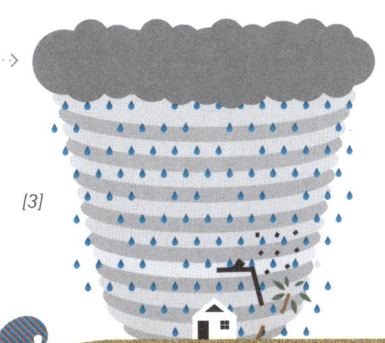

[3]

[1]

GEWITTER

Die Veränderung von Gewittern, die oftmals mit extremen Phänomenen wie Starkniederschlägen, Hagel, Sturmböen oder Tornados verbunden sind, ist von besonderem Interesse, da es durch diese zu Schäden in Milliardenhöhe kommen kann.[1,2,3]

Gewitter bilden sich durch das Zusammenspiel vieler verschiedener Faktoren. So benötigt es zur Bildung immer einen »Hebungsmechanismus«, welcher den Aufstieg von Luft in Gang setzt[4] oder

aber starke, sich in der Windrichtung und oder Windgeschwindigkeit unterscheidende übereinander liegende horizontale Luftströmungen, damit sehr starke Gewitter entstehen können.[5] Vor allem aufsteigende, feuchtwarme Luft spielt als Energielieferant bei der Bildung von Gewittern eine wichtige Rolle. Der darin enthaltene Wasserdampf kondensiert in der Höhe, setzt dabei Wärmeenergie frei und verstärkt so den Prozess der Gewitterbildung.[6] Da durch den Klimawandel die Luft wärmer wird und

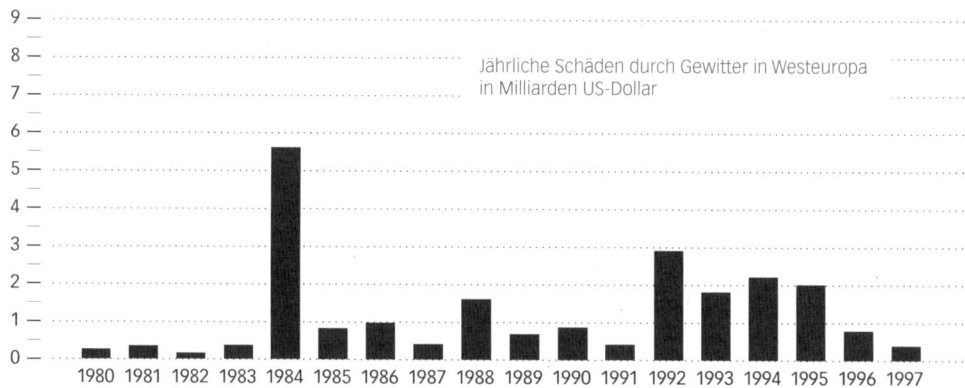

Jährliche Schäden durch Gewitter in Westeuropa in Milliarden US-Dollar

deshalb mehr Feuchtigkeit aufnehmen kann, kann bei der Kondensation auch mehr Energie freigesetzt werden. Deshalb ist zu erwarten, dass sich bei entsprechenden Umgebungsbedingungen mehr und auch stärkere Gewitter bilden können.[7,8]

Aufgrund der vielen Einflussfaktoren[6] und einer unvollständigen Erfassung von Gewittern ist es schwierig, eine allgemeine Aussage über die globale Entwicklung von Gewittern und den damit verbundenen Wetterereignissen zu treffen.[9] Für Deutschland wird eine Zunahme der Tage mit schweren Gewittern in den kommenden Jahrzehnten erwartet.[10] Zudem haben einmal gebildete Gewitter durch eine höhere verfügbare Energie das Potential, noch stärker zu werden als sie es im derzeitigen Klima sind.[6] Eine Zunahme des Potentials für die Gewitter- und Hagelbildung konnte in Deutschland bereits in den letzten Jahrzehnten beobachtet werden.[8]

Die Daten wurden inflationsbereinigt und dem Wertezuwachs angepasst. Trotzdem heißt dies nicht, dass die gesamte Zunahme der Schäden alleine durch den Klimawandel erklärt werden kann.

Quelle: Munich Re, NatCatSERVICE 2018

1998 1999 2000 2001 2002 2003 2004 2005 2006 2007 2008 2009 2010 2011 2012 2013 2014 2015 2016

KAPITEL 6

DIE ÖKOSYSTEME

Ein bestimmter Lebensraum und die darin vorkommenden Organismen bilden aufgrund von wechselseitigen Beziehungen eine Lebensgemeinschaft, welche man als Öko-system bezeichnet.[1]

Unter dem Begriff der Phänologie versteht man beobachtbare, periodisch im Jahresverlauf wiederkehrende Entwicklungsstadien von Pflanzen und Tieren.[2]

Unter Biodiversität versteht man die Vielfalt jeglicher Lebensformen und Ökosysteme sowie Wechselwirkungen zwischen einzelnen Lebewesen und den Ökosystemen und die genetische Vielfalt innerhalb von Arten.[3,4,5]

JAHRESZEITEN, VEGETATIONS- UND KLIMAZONEN

Unter dem Begriff der Phänologie versteht man beobachtbare, periodisch im Jahresverlauf wiederkehrende Entwicklungsstadien von Pflanzen und Tieren.[1] Beispielsweise lassen sich Brutzeiten von Vögeln oder das Erblühen von Pflanzen beobachten.[2]

Höhere Temperaturen führen zu phänologischen Veränderungen[3] wie dem früheren Brüten von Vögeln[4] oder dem früheren Erblühen von Pflanzen im Jahr.[5] So begann der phänologische Frühling auf der Nordhalbkugel in den letzten Jahrzehnten im Durchschnitt etwa 2,8 Tage pro Jahrzehnt früher.[6] Umso weiter man in Richtung der Pole geht, desto größer sind solche jahreszeitlichen Veränderungen.[3]

Der Klimawandel sorgt auch für eine Verschiebung der Vegetationszonen.[7] Beispielsweise verschiebt sich die Baumgrenze in der Nordhemisphäre nach Norden[8] und in den Gebirgen in höhere Lagen.[9] Der Rückgang arktischer und alpiner Ökosysteme sind weitere Beispiele für die Verschiebung der Vegetationszonen.[10]

Genauso haben sich die Klimazonen verändert. Von 1950 bis 2010 haben sich etwa 5,7 % der weltweiten Landfläche hin zu wärmeren und trockeneren Klimazonen verändert.[11] Durch den Klimawandel kommt es auch zu neuen, heute noch nicht bestehenden, Kombinationen der Klimaelemente, wodurch es sehr schwierig ist, die daraus resultierenden Konsequenzen abzuschätzen.[12]

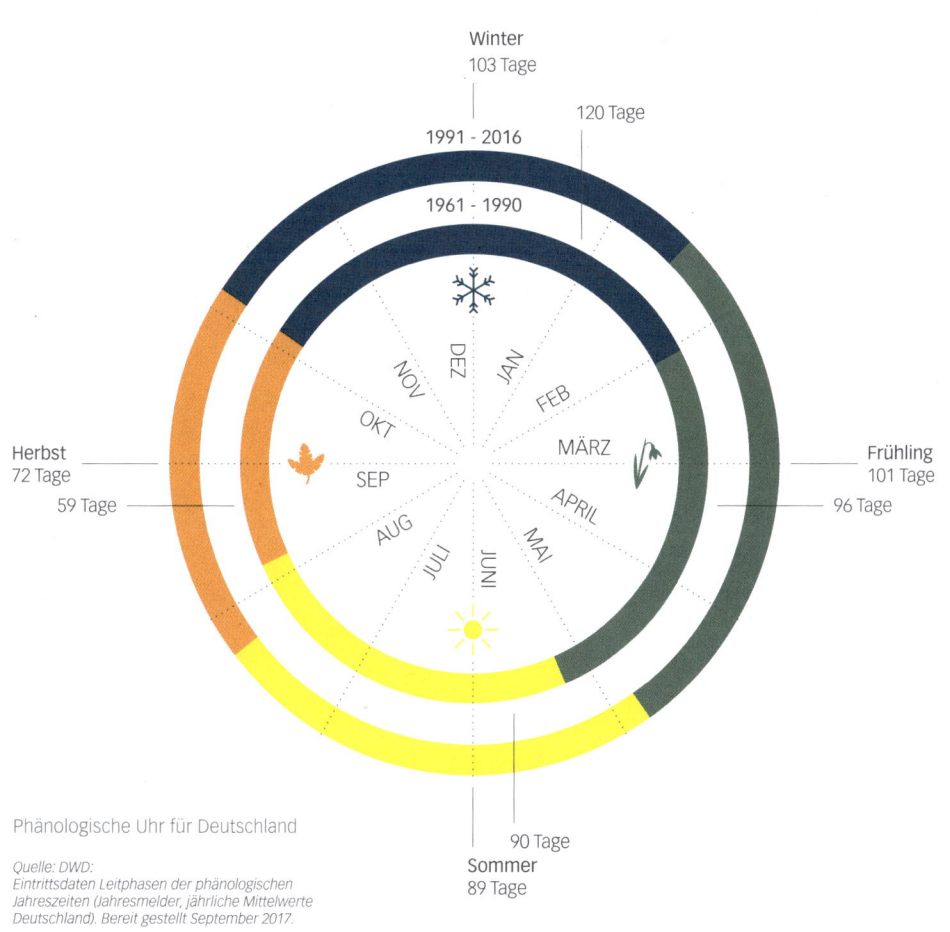

Winter
103 Tage
120 Tage

1991 - 2016

1961 - 1990

Herbst
72 Tage
59 Tage

Frühling
101 Tage
96 Tage

NOV · DEZ · JAN · FEB · MÄRZ · APRIL · MAI · JUNI · JULI · AUG · SEP · OKT

90 Tage

Sommer
89 Tage

Phänologische Uhr für Deutschland

Quelle: DWD:
Eintrittsdaten Leitphasen der phänologischen
Jahreszeiten (Jahresmelder, jährliche Mittelwerte
Deutschland). Bereit gestellt September 2017.

TIERE UND PFLANZEN

Tiere und Pflanzen sind an die klimatischen Bedingungen ihres Lebensraumes in der Regel gut angepasst. Ändert sich das Klima, so kommt es zu Veränderungen in der Zusammensetzung von Artengemeinschaften – und in Folge dessen oftmals zu Veränderungen des gesamten Ökosystems.[1]

Prinzipiell gibt es dabei drei verschiedene Möglichkeiten, wie Arten auf den Klimawandel reagieren können:

1. Sie können sich an die Veränderungen anpassen[2] oder kommen mit dem Klimawandel gut zurecht und können sich, wie der Borkenkäfer in vielen Teilen Europas, dadurch sogar vermehren.[3-6]

2. Arten, wie bestimmte Schmetterlinge, folgen den klimatischen Veränderungen – meist in Richtung der Pole oder in höhere Lagen, um den für sie zu hohen Temperaturen auszuweichen. So konnte festgestellt werden, dass auf dem Land lebende Tiere und Pflanzen dabei aktuell durchschnittlich etwa 11 Meter pro Jahrzehnt in die Höhe und etwa 17 km pro Jahrzehnt in Richtung der Pole wandern.[7]

3. Sie können sich nicht an die klimatischen Veränderungen anpassen, wodurch sich ihre Verbreitungsgebiete verkleinern und sie im Extremfall aussterben könnten.[8] Je schneller die Veränderungen passieren, desto größer ist die Gefahr, dass Tiere und Pflanzen sich nicht schnell genug anpassen können und vom Aussterben bedroht sind.[9]

Verändert sich eine Art, so kann es zu Auswirkungen auf das gesamte Ökosystem kommen; beispielsweise durch eine Verschiebung der Räuber-Beute-Beziehungen oder der Konkurrenzverhältnisse.[1]

Veränderung des Höhenprofils von Pflanzen,
Schmetterlingen und Vögeln durch den Klimawandel in der Schweiz zwischen 2003 und 2010[10]

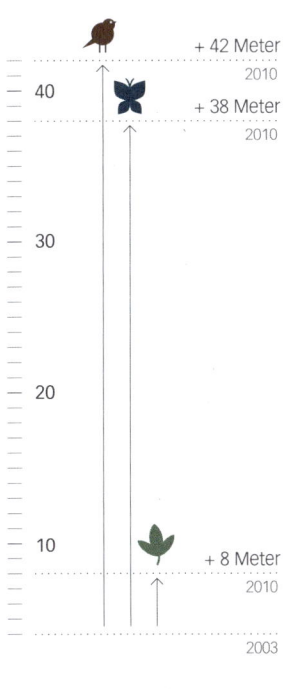

+ 42 Meter
2010

40

+ 38 Meter
2010

30

20

10

+ 8 Meter
2010

2003

BIODIVERSITÄT UND ÖKO-SYSTEMDIENSTLEISTUNGEN

Unter Biodiversität versteht man die Vielfalt jeglicher Lebensformen und Ökosysteme sowie Wechselwirkungen zwischen einzelnen Lebewesen und den Ökosystemen und die genetische Vielfalt innerhalb von Arten.[1,2,3]

Kategorien der Ökosystemdienstleistungen

Regulierungsleistungen

Kulturelle Dienstleistungen

Wasserreinigung

Bestäubung

Erholung

Eine hohe Biodiversität erhöht die Robustheit und somit die Anpassungsfähigkeit eines Ökosystems gegenüber äußeren Ereignissen wie klimatischen Veränderungen[4] oder Krankheiten wie Pilzbefall.[5] Zusätzlich erhöht eine große Pflanzenvielfalt die Produktivität eines Ökosystems.[6,7] Dies bedeutet, dass bei ansonsten unveränderten Bedingungen bei einer geringeren Pflanzenvielfalt im Durchschnitt weniger Biomasse produziert wird, als bei einer hohen Pflanzenvielfalt.[6]

Durch den Klimawandel wird die Biodiversität global gesehen insgesamt vermutlich abnehmen,[8] was zu einer negativen Beeinflussung der Ökosystemdienstleistungen führen kann.[9] Darunter versteht man alle Leistungen und Eigenschaften eines Ökosystems, welche dem Menschen in irgendeiner Form dienen.[10] Diese für den Menschen unerlässlichen, meist kostenlosen Dienstleistungen, können auch durch veränderte Artenkombinationen innerhalb eines Ökosystems negativ betroffen sein.[11]

Unterstützende Dienstleistungen

Versorgungsleistungen

Stoffkreisläufe, Bodenbildung

Rohstoffe

Nahrung

PFEIFHASEN UND KOLIBRIS

Der Klimawandel gefährdet besonders Tiere, welche in Hochgebirgen oder den nördlichen Breiten leben. Sie haben begrenzte Möglichkeiten, der Erwärmung des Klimas und den damit einhergehenden Veränderungen ihres Lebensraumes auszuweichen.[1]

Ein interessantes Beispiel hierfür sind amerikanische Pfeifhasen, eine Art aus der Gruppe der Hasenartigen, welche hauptsächlich in felsigen Berglagen im Westen Nordamerikas zu finden ist.[2,3,4] Sie sind gleich mehrfach von den Folgen des Klimawandels betroffen[5]: Zum einen machen sie keinen Winterschlaf und verbringen den Winter in ihrem Bau unter der Erde, wo sie sich von den im Sommer gesammelten Pflanzen ernähren.[4] Dabei wirkt die Schneedecke wie eine Isolierung gegen zu kalte Temperaturen. Geht die Schneedecke in Folge des Klimawandels zurück, kann es in den Bauten zu kalt werden, was im Extremfall zum Erfrieren der Pfeifhasen führen kann. Zum anderen stellen aber auch zunehmend höhere Temperaturen im Sommer ein Problem für diese sehr temperaturempfindlichen Tiere dar.[2] Um diesen »auszuweichen« verschiebt sich die untere Grenze ihres Lebensraumes in immer höhere, weil kältere, Gebiete.[2,5,6] Eine solche Verschiebung des Lebensraumes ist besonders dann ein Problem, wenn Arten bereits am Gipfel des Berges leben, und ein Ausweichen in höhere Lagen nicht mehr möglich ist.[5,7,8]

Durch den Klimawandel ausgelöste phänologische Veränderungen können zu Veränderungen der Wechselwirkungen zwischen Pflanzen und Tieren führen.[1] Beispielsweise verschieben sich die phänologischen Phasen zwischen dem Breitschwanzkolibri und seinen Nahrungspflanzen, welche ihm als Nektarquelle dienen. Der Breitschwanzkolibri zieht von Zentralamerika nach Norden in höher gelegene Berge, um hier im Sommer zu brüten. Durch die höheren Temperaturen traf der Kolibri an den nördlichsten Brutplätzen einer Studie zwischen 1975 und 2011 im Schnitt etwa 1,5 Tage pro Dekade früher im Jahr ein. Der Zeitpunkt, an dem die meisten der zwei beobachteten nektargebenden Pflanzen im gleichen Zeitraum an den Brutplätzen geblüht haben, verschob sich im Schnitt um etwa 2,8 Tage pro Dekade nach vorn, also fast doppelt so schnell.

Folglich reduziert sich die Zeit zwischen Eintreffen des Kolibris und Erblühen seiner Nahrungsquellen. Dadurch verkürzt sich wahrscheinlich auch die Zeit, welche dem Kolibri zum Nestbauen und Großziehen seiner Jungen zur Verfügung steht. Bei zunehmender Verschiebung der Zeitfenster könnte dies die Chance für eine erfolgreiche Fortpflanzung verringern.[2]

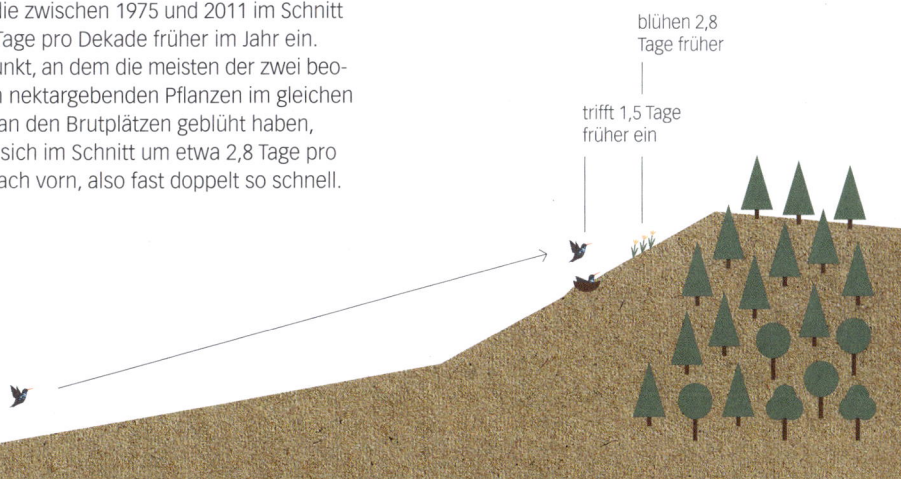

blühen 2,8
Tage früher

trifft 1,5 Tage
früher ein

EISBÄREN

Der Eisbär ist wohl das bekannteste Lebewesen der Arktis, welches vom Klimawandel betroffen ist. Aktuell gibt es schätzungsweise 25.000 Eisbären in der Arktis und den angrenzenden Gebieten.[1,2]

Das zunehmende Schmelzen des arktischen Meereises im Sommer verringert die Zeit, in der Eisbären das Meereis als Plattform zur Robbenjagd nutzen können. Der reduzierte Nahrungszugang kann sich beispielsweise negativ auf die Anzahl der Jungtiere und das erfolgreiche Großziehen dieser auswirken. Im Extremfall wird das Überleben der erwachsenen Eisbären unmittelbar gefährdet.[3,4] Zwar werden besonders in den südlichsten Lebensräumen in Kanada immer wieder einzelne Eisbären beim Fressen von Beeren und Vogeleiern an Land beobachtet, allerdings sind alternative Ernährungsmöglichkeiten sehr von dem lokal verfügbaren Nahrungsangebot an Land abhängig und reichen nicht aus, um den Nahrungsbedarf der Eisbären zu decken.[4,5]

Schätzungen der Populationsentwicklungen hängen stark von den Annahmen über die zukünftige Erwärmung und damit einhergehende Veränderungen des Meereises ab. Aus diesem Grund herrscht eine große Unsicherheit darüber, wie stark und über welchen Zeitraum die einzelnen Eisbärpopulationen darauf reagieren werden.[4] Klar ist aber auf jeden Fall: Mit einem Rückgang des Meereises wird auch die Zahl der Eisbären zurückgehen.[4,6,7,8]

Quelle: IUCN/ Polar Bear Specialist Group (2017)

■ zunehmend　■ abnehmend　■ stabil　■ unklar

Aktueller Stand der Eisbärpopulationen (vereinfacht)
Die Karte zeigt eine Momentaufnahme und keine langfristigen Trends. Sie sollte sehr vorsichtig interpretiert werden, da beispielsweise die Zunahme der Eisbärpopulation im Norden Kanadas *[1]* höchst wahrscheinlich auf die Begrenzung der Eisbärjagd zurückzuführen ist[9] oder aber die Population in den südlichsten Lebensräumen Kanadas *[2]* eine schlechter werdende körperliche Verfassung aufweist, obwohl ihr aktueller Status als »stabil« eingestuft wurde.[10]

KORALLEN

Tropische Korallenriffe haben eine wichtige Bedeutung für den Menschen: Ihr Reichtum an Fischen dient Menschen als Nahrungsquelle, sie schützen die Küsten vor Erosionen (Abschürfung und Abtragung durch Wasser und Wind) und sie sind ein bedeutender Faktor für den Tourismus.[1,2,3] Für die Färbung der Korallen sind spezifische Algen verantwortlich, die auf den Korallen leben und sie mit Nährstoffen versorgen.[4]

Die durch den Menschen verursachte Erwärmung, Versauerung (S. 68) und Verschmutzung der Ozeane setzen die Korallen zunehmend unter Stress.[5,6] Wird das Stresslevel zu hoch, stoßen die Korallen die Algen ab und ihr weißes Skelett wird sichtbar (Korallenbleiche).[4] Dies kann bis zum Tod der Korallen führen, da sie nicht mehr ausreichend mit Nährstoffen versorgt werden: Verstärkt durch die globale Erwärmung waren im Jahr 2016 zeitweise 93 % der Riffe im Great Barrier Reef in Australien von der Korallenbleiche betroffen und in Flachwasserbereichen im Pazifik starben mehr als die Hälfte der Korallen von Februar bis Oktober 2016 ab.[7]

American-Samoa © The Ocean Agency /
XL Catlin Seaview Survey / Richard Vevers

KAPITEL 7

DER MENSCH

Der Klimawandel beeinflusst schon heute direkt oder indirekt das Leben aller 7,5 Milliarden Menschen auf der Erde.[1] Allerdings sind die Folgen der globalen Erwärmung nicht überall auf der Erde gleich, wodurch es in verschiedenen Regionen auch zu unterschiedlichen Auswirkungen auf den Menschen und das menschliche Zusammenleben kommen kann. Klar ist auf jeden Fall: Mit fortschreitender Erwärmung werden die negativen Folgen des Klimawandels überwiegen.[2]

KLIMAWANDEL UND GESUNDHEIT

Die Folgen des Klimawandels wirken sich in vielerlei Hinsicht auf die menschliche Gesundheit aus. So können Hitzebelastungen und Hitzeereignisse[1] zu einer Verschlimmerung von Erkrankungen des Herzens, des Kreislaufsystems und der Atemwege und dadurch zu einem Anstieg der Sterblichkeit führen.[2,3,4] Auch begünstigen höhere Temperaturen die Bildung von bodennahem Ozon,[5] welches sich negativ auf die Gesundheit, beispielsweise in Form einer verringerten Lungenfunktion, auswirken kann.[6,7] Häufigere Extremwetterereignisse wie Überschwemmungen oder Stürme bergen zahlreiche Risiken für die menschliche Gesundheit; etwa Verletzungen, welche im Extremfall bis zum Tode führen können.[8] Daneben können Starkregenereignisse und Überschwemmungen durch Verunreinigung von Gewässern zu vermehrtem Ausbrechen wasserbedingter Infektionskrankheiten führen.[9]

Eine weitere Folge des Klimawandels in Deutschland ist eine verlängerte Pollensaison, wodurch die Symptome von Atemwegserkrankungen wie Asthma oder Heuschnupfen verstärkt werden können.[9] Zusätzlich ermöglichen klimatisch günstigere Bedingungen die Etablierung und Ausbreitung von neuen allergieauslösenden Pflanzen, wie zum Beispiel der Ambrosia.[8,10]

Hinweis zur Grafik: Da es sehr schwierig ist, die zusätzlichen Todesfälle durch klimatische Veränderungen zu berechnen und kein direkter Kausalzusammenhang zwischen einzelnen Todesfällen und dem Klimawandel hergestellt werden kann, sollten diese Zahlen sehr vorsichtig interpretiert werden.

225.000

bedingt durch
Unterernährung

85.000

bedingt durch
Durchfall-
erkrankungen

35.000

bedingt durch
Hitze und Kälte

30.000

bedingt durch
Hirnhautent-
zündungen

20.000

bedingt durch
übertragene
Krankheiten

2.750

bedingt durch
Überschwemmungen
und Erdrutsche

2.500

bedingt durch
Stürme

Zusätzliche Tote durch den Klimawandel 2010
weltweit

*Quelle: Fundación DARA Internacional. Climate Vulnerability
Monitor 2nd Edition. A Guide to the Cold Calculus of a Hot
Planet. (2012).*

WEITERE GESUNDHEITLICHE FOLGEN

Durch die Folgen des Klimawandels kann es zu einer negativen Beeinflussung der psychischen Gesundheit kommen. So können beispielsweise traumatische Erlebnisse durch Extremwetterereignisse posttraumatische Belastungsstörungen auslösen[1] und sich aus dem Klimawandel ergebende Sorgen und Ungewissheiten zu Ängsten bis hin zu Depressionen führen.[2] Die tatsächlichen Auswirkungen auf jeden Einzelnen hängen dabei immer auch von der persönlichen Lebenssituation oder aber der direkten bzw. indirekten Betroffenheit von Klimawandelereignissen ab.[3] Mit fortschreitendem Klimawandel und zunehmender Betroffenheit kann die Gefahr von negativen Auswirkungen auf die mentale Gesundheit steigen.[4]

Im Folgenden werden einige weitere gesundheitliche Auswirkungen des Klimawandels erläutert, wobei diese je nach Region und Entwicklungsstand unterschiedlich stark ausgeprägt sein können:
Neben dem Eintrag von Nährstoffen durch die Landwirtschaft in Gewässer können auch höhere Temperaturen zu einem häufigeren, längeren und großflächigeren Auftreten von Algenblüten führen[5] – einer massenhaften Ausbreitung von Algen oder Cyanobakterien (»Blaualgen«). Einige dieser Arten, wie z. B. die Cyanobakterien, können Giftstoffe produzieren. Diese können über die Nahrungskette oder das Verschlucken des Wassers in Seen in den menschlichen Organismus gelangen, und Krankheiten bis hin zu Todesfällen verursachen.[6]

Höhere Temperaturen ermöglichen eine schnellere Vermehrung bakterieller Erreger in Lebensmitteln. So kann es beispielsweise bei höheren Temperaturen zu einer vermehrten Anzahl von Salmonellenvergiftungen kommen.[7]

Durch wärmeres Meerwasser steigt die Konzentration von für den Menschen schädlichen Bakterien – wie Cholera-Bakterien – im Meer. Dadurch lassen sich beispielsweise vermehrte Infektionen von Badegästen an der Nordsee erklären.[8,9,10]

→

Durch die vielfältigen Auswirkungen des Klimawandels auf die menschliche Gesundheit wird dieser als größte globale Gesundheitsgefahr des 21. Jahrhunderts angesehen.[11]

Beeinflussung der psychischen
Gesundheit durch den Klimawandel

VEKTORÜBERTRAGENE KRANKHEITEN

Als Vektoren werden Organismen bezeichnet, welche Krankheitserreger von einem infizierten Tier oder Menschen auf andere Tiere oder Menschen übertragen können – zum Beispiel Zecken oder Stechmücken.[1]

Quelle Grafik rechts: nach European Centre for Disease Prevention and Control; European Food Safety Authority. Aedes albopictus – current known distribution: April 2017.

Der Klimawandel verändert die Bedingungen für die Verbreitung von Krankheitserregern durch Vektoren.[2,3] So konnte sich die Asiatische Tigermücke in den letzten Jahrzehnten durch die Globalisierung und klimatisch günstigen Bedingungen bereits in Teilen Südeuropas ausbreiten.[4,5] Auch weiter nördlich gelegene Gebiete Europas werden durch den Klimawandel für eine Etablierung der Mücke geeignet.[5,6] Die Tigermücke kann Krankheitserreger wie das Dengue- und Chikungunya-Virus übertragen.[5]

Damit eine infizierte Mücke ein Virus übertragen kann, müssen über einen bestimmten Zeitraum höhere Temperaturen herrschen. Dadurch kann sich das Virus in der Mücke vermehren und es kann durch einen Stich der Mücke zu einer Übertragung auf den Menschen kommen.[7] Ansteigende Temperaturen begünstigen die Verbreitung der Tigermücke und verkürzen die Vermehrungszeit des Virus in dieser. In Kombination mit der Globalisierung und der dadurch entstehenden Gefahr des Einschleppens der Tigermücke durch ausländische Warenimporte und des Virus durch infizierte Personen, wie Reiserückkehrer, führt dies zu einem erhöhten Risiko der Krankheitsübertragung.[2,8]

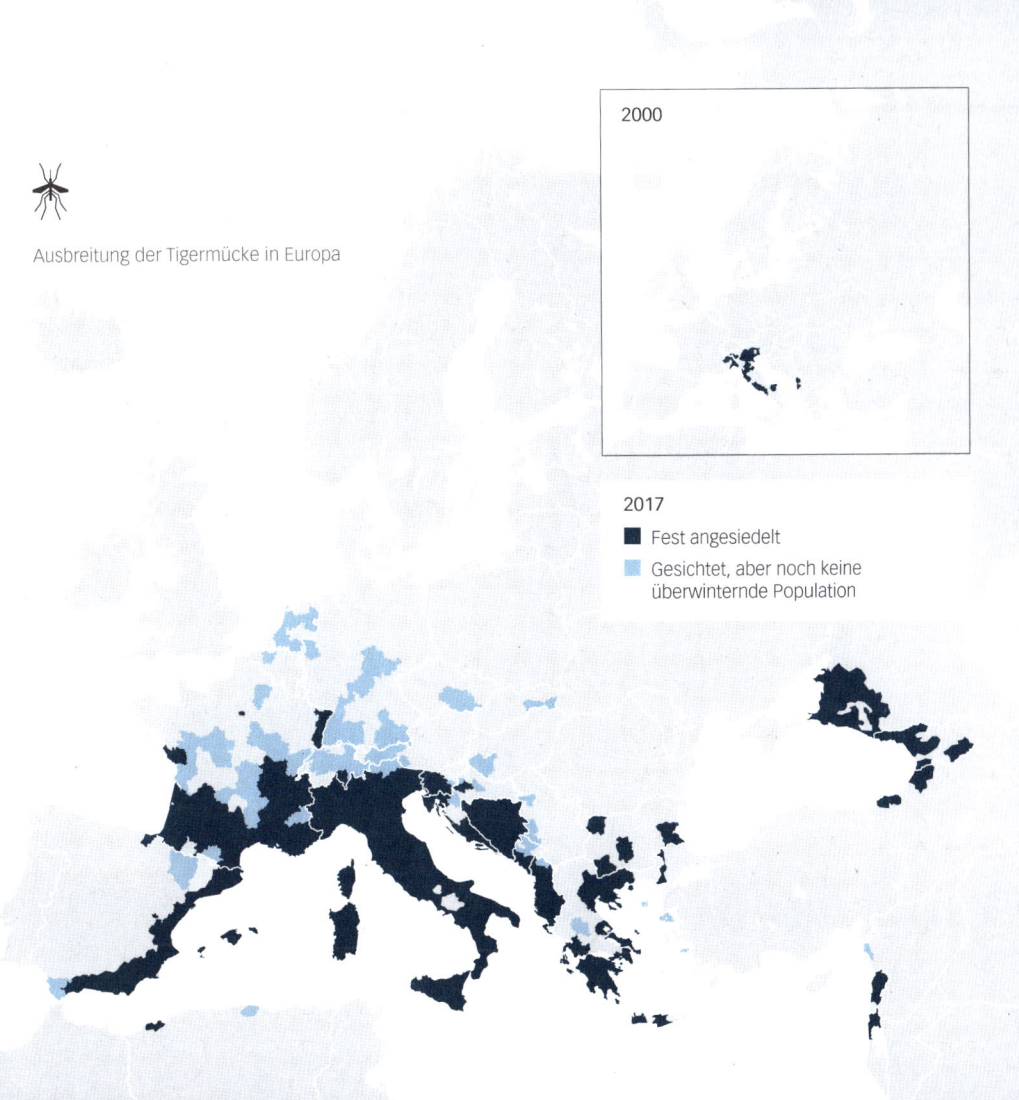

Ausbreitung der Tigermücke in Europa

2000

2017
■ Fest angesiedelt
■ Gesichtet, aber noch keine
überwinternde Population

In Städten kommt es – auch ohne den Klimawandel – zu höheren Luft- und Oberflächen-
temperaturen als im unbebauten Umland: Eine
hohe Oberflächenversiegelung und dichte
Bebauung führen dazu, dass Städte tagsüber
sehr viel Sonnenenergie absorbieren und in den
Baukörpern speichern.[1,2,3] Abwärme, beispielsweise durch Gebäudeheizungen oder Klimaanlagen, sorgt für eine zusätzliche Erwärmung
und Gas- und Partikelemissionen für eine

verminderte Wärmeabstrahlung (»Dunstglocke«).
Auch verursacht die dichte Bebauung oft nur
einen geringen Luftaustausch mit dem Umland,
wodurch es zu einem verlangsamten Rückgang
erhöhter Temperaturen kommt.[4] Zusätzlich
gibt es aufgrund häufig wenig verbreiteter Grünflächen nur einen geringen Kühlungseffekt
durch Verschattung und Verdunstung.[2,5] Dadurch
kann es in Städten zu Temperaturen kommen,
welche bei austauscharmen Wetterlagen bis zu

Temperatur

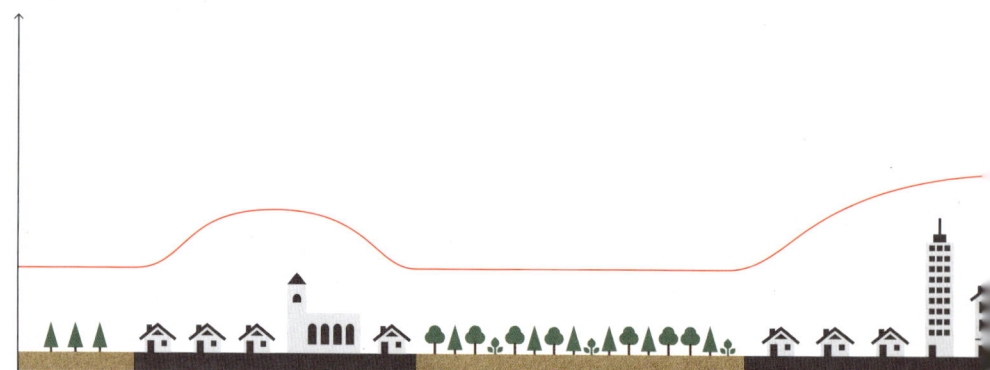

10 °C höher sind als im unbebauten Umland.[6] Dieser Erwärmungseffekt wird als Wärmeinseleffekt bezeichnet und tritt besonders nachts auf,[1,6] wenn die tagsüber gespeicherte Energie in den Baukörpern zum größten Teil wieder abgegeben wird.[1] Wärmere Nächte können die Schlaftiefe des Menschen verringern, wodurch ein geringerer Erholungseffekt eintritt.[7,8] Höhere Temperaturen führen auch zu einem größeren Stromverbrauch, beispielsweise durch Klimaanlagen.[9]

→

Aufgrund des Wärmeinseleffekts können die negativen gesundheitlichen Auswirkungen höherer Temperaturen (S.104) durch den Klimawandel besonders in Städten auftreten.[2,6]

Abschwächung des Wärmeinseleffekt durch Parks und Grünflächen

LANDWIRTSCHAFT

Höhere Temperaturen, höhere CO_2-Konzentrationen der Luft, veränderte Niederschlagsmuster und weitere damit zusammenhängende Wetterparameter beeinflussen das Pflanzenwachstum.[1] Eine Erhöhung der Temperatur bis hin zur optimalen Wachstumstemperatur kann bei einer spezifischen Nutzpflanze zu einer Steigerung des Ernteertrages führen. Wird dieser optimale Punkt jedoch überschritten, nehmen die Ernteerträge ab. Bereits einzelne Tage über 30 °C können beispielsweise das Wachstum von Mais und Soja beeinträchtigen.[2] Auch Wetterextreme, besonders Dürre und Hitze, sowie Starkregenereignisse,[3] haben einen negativen Einfluss auf Ernteerträge. Zwischen 2000 und 2007 lag der Ernteverlust durch Dürre und Hitze bei ca. 6,2 % der weltweiten Getreideernte.[4]

Auf eine erhöhte CO_2-Konzentration in der Luft reagieren viele Pflanzen kurzfristig mit einer verringerten Wasserabgabe über die Blätter bei gleichzeitig vermehrter Photosynthese. Dadurch kann sich bei ausreichendem Wasser- und Nährstoffangebot das Pflanzenwachstum verstärken – es kommt zu einem sogenannten CO_2-Düngungseffekt.[5,6] Inwieweit dieser Düngungseffekt die Abnahme der Ernteerträge aus Temperatur- und Niederschlagsveränderung an

Leichte Zunahme der Ernteerträge

manchen Orten kompensieren wird, ist umstritten.[7,8] Des Weiteren führt eine erhöhte CO_2-Konzentration der Luft bei erhöhtem Wachstum zu geringeren Konzentrationen von Nährstoffen in Pflanzen.[9,10]

Einen positiven Effekt kann der Klimawandel in nördlich gelegenen Regionen der Erde wie Nordeuropa haben, wenn durch steigende Durchschnittstemperaturen und damit verbundenen längeren Anbauphasen und weniger Frostereignissen die Ernteerträge steigen.[11,12] In den Tropen und Subtropen wird der Einfluss des Klimawandels auf die Ernteerträge eher negativ sein.[13]

→
Allgemein lässt sich festhalten, dass es weltweit bis zu einer Erwärmung der globalen Mitteltemperatur von 1-2 °C (im Vergleich zur vorindustriellen Zeit) zu eher geringen bis moderaten Auswirkungen auf die Ernteerträge kommen kann, wobei es sortenabhängige und regionale Unterschiede gibt. Jeder weitere Temperaturanstieg führt jedoch vermutlich zu einer starken Abnahme der Ernteerträge.[7,14,15]

Optimale Wachstumstemperatur

Starke Abnahme der Ernteerträge

KLIMAMIGRATION

Wetterereignisse – vor allem Stürme und Überflutungen – haben zwischen 2008 und 2016 jährlich im Schnitt etwa 21,7 Millionen Menschen zur Migration innerhalb ihres eigenen Landes gezwungen. 2016 waren dies dreimal mehr als durch Krieg und Gewalt.[1] Aber auch länderübergreifende Migration aufgrund von Wetterereignissen findet statt.[2] Überwiegend betroffen sind arme Bevölkerungsgruppen, die in meist wenig entwickelten Gegenden leben, in denen die Auswirkungen des Klimawandels besonders zu spüren sind. Sie haben in der Regel keine finanziellen Mittel, um sich selbst anzupassen und auch staatliche Anpassungsmaßnahmen greifen oft zu kurz. Deswegen versuchen viele Menschen, durch Migration den Folgen des Klimawandels zu entkommen. Diese Gruppen haben meist nichts zum Klimawandel beigetragen und sind trotzdem am stärksten von den Folgen betroffen.[3,4] Besonders problematisch ist es, wenn Menschen aufgrund fehlender finanzieller Mittel oder anderer Gründe nicht einmal die Möglichkeit zur Migration haben.[5]

Migrationsursachen

Ökologisch
- Wetterextreme
- Ökosystemdienstleistungen

Politisch
- Diskriminierung
- Verfolgung

Sozial
- Bildung
- Familie

Demografisch
- Bevölkerungsdichte
  und -struktur

Wirtschaftlich
- Arbeitsmöglichkeiten
- Gehälter

Der Klimawandel kann einen direkten oder indirekten Einfluss auf die Migrationsursachen haben.

Migration hat in der Regel mehrere Ursachen. Daher ist es schwierig, einzelne Migrationsbewegungen ausschließlich den klimatisch bedingten Veränderungen zuzuschreiben.[3,6] So lässt sich zwar ein einzelner Sturm nur schwer auf den Klimawandel zurückführen,[7] aber durch eine Zunahme der Häufigkeit und Stärke von Extremereignissen aufgrund des Klimawandels, wird auch die Zahl der davon betroffenen Menschen steigen. Folglich werden bei fehlenden Anpassungsmaßnahmen auch mehr Menschen zur Migration gezwungen.[8] Die Fragen, wohin

vom Klimawandel betroffene Menschen wandern können und ob sie speziellen Schutz erhalten, bleiben bisher unbeantwortet.[9]

Entscheidung unter Berücksichtigung von

1. persönlichen Faktoren
   - Alter, Geschlecht, finanzielle Mittel

2. externen Faktoren
   - rechtliche Rahmenbedingungen
   - Kosten der Migration

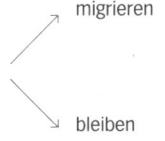

migrieren

bleiben

Vereinfachter Prozess der Migrationsentscheidung

Quelle: nach The Government Office for Science. Foresight: Migration and Global Environmental Change. Final Project Report. (2011). London.

TOURISMUS

Der Tourismussektor ist mit ungefähr 8 % der weltweit ausgestoßenen Treibhausgasemissionen zwischen 2009 und 2013 – besonders durch Flugreisen – gleichzeitig Verursacher und Betroffener des Klimawandels.[1] Durch den Klimawandel könnte der Mittelmeerraum im Sommer für viele Touristen zu heiß werden.[2] Allerdings könnte es in diesen Regionen im Frühling und Herbst angenehmere Reisebedingungen geben.[3] Gebiete in Richtung der Pole und in höheren Lagen könnten durch die wärmeren Temperaturen ihre Reisesaison verlängern und im Sommer als Ausweichort vor heißen Temperaturen dienen.[2,4]

Für den Wintersporttourismus stellt der Klimawandel ein besonders schwerwiegendes Problem dar, denn durch die steigenden Temperaturen gibt es immer weniger schneesichere Wintersportgebiete.[5,6,7] Außerdem leidet das winterliche Flair vieler Urlaubsgebiete unter dem mangelnden Schnee.[8,9,10]

Zunehmende Kreuzfahrten in der Arktis

Weniger schneesichere Skigebiete

Der Klimawandel wird den weltweiten Tourismus nicht abschwächen, aber die derzeitigen Touristenströme verändern.[11] Zum einen wird sich die Tourismusbranche anpassen, zum anderen werden Bevölkerungs- und Wohlstandswachstum weltweit zu steigenden Touristenzahlen führen.[12,13] Je nach Urlaubsart und -region wird es daher für die Tourismusbranche bei einer moderaten Erwärmung sowohl zu positiven als auch negativen Einflüssen kommen.[12]

Bei einer stärkeren Erwärmung werden jedoch die negativen Auswirkungen für die Tourismusbranche insgesamt voraussichtlich überwiegen,[14] da beispielsweise Anpassungsmaßnahmen wie Küstenschutz[15] oder technische Schneeerzeugung unwirtschaftlich bzw. unwirksam werden.[5]

Zerstörung natürlicher Sehenswürdigkeiten

Untergehende Inselparadiese

Verschiedene Berechnungen zum jährlichen Schaden durch den Klimawandel als Anteil am weltweiten Bruttoinlandsprodukt in %

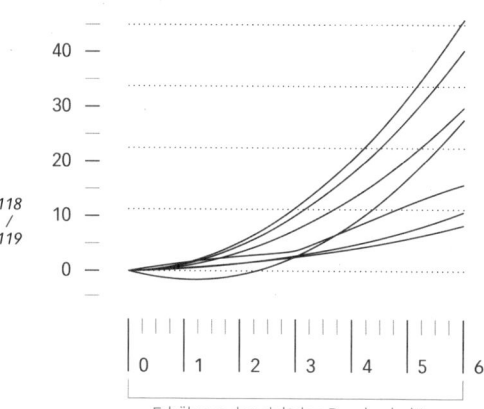

Erhöhung der globalen Durchschnittstemperatur in °C im Vergleich zur vorindustriellen Zeit

Quelle: nach © Howard & Sterner (2017). https://link.springer.com/article/10.1007/s10640-017-0166-z. CC BY 4.0: https://creativecommons.org/licenses/by/4.0/

Der Klimawandel verursacht drei unterschiedliche Arten von Kosten: Erstens entstehen Schadenskosten beispielsweise durch direkte Schäden an Immobilien oder der Infrastruktur in Folge von Extremwetterereignissen. Zweitens entstehen Anpassungskosten durch Anpassungsmaßnahmen an den Klimawandel, wie zum Beispiel durch den Bau von Deichen oder Rückhaltebecken zum Hochwasserschutz.[1] Hinzu kommen drittens sogenannte Vermeidungskosten, etwa durch den Umstieg von fossiler Energie auf erneuerbare Energien, um die zukünftige globale Erwärmung zu begrenzen.[2,3]

Eine genaue Zahl der ökonomischen Kosten zu ermitteln ist sehr schwierig, da nicht alle anfallenden Kosten eindeutig und umfassend erfasst werden können.[4] So hängen die berechneten Kosten immer von getroffenen Annahmen ab[5] und es ist schwierig, anfallende Kosten, welche beispielsweise aus dem tauenden Permafrostboden entstehen, exakt zu bestimmen[6] – daher sollten die Zahlen von nebenstehender (rechts) Grafik auch sehr vorsichtig interpretiert werden. Durch diese hohen Unsicherheiten ist es aus rein ökonomischer Perspektive betrachtet auch sehr schwierig zu entscheiden, welche Klimaschutzmaßnahmen in welchem Ausmaß sinnvoll sind. Will man die globale Erwärmung auf maximal 1,5 °C begrenzen, so ist dies mit sehr hohen Investitionskosten verbunden. Eine Begrenzung auf eine maximale Erwärmung von 3,5 °C würde hingegen deutlich weniger Investitionskosten verursachen,[7] jedoch zu höheren Schadenskosten führen.[5] Insgesamt sind die Kosten für die Begrenzung der globalen Erwärmung vermutlich deutlich geringer, als Schadenskosten bei einer ungebremsten Erwärmung entstehen würden.[2,8] Dabei muss immer auch beachtet werden, dass das Risiko von unumkehrbaren Schäden mit zunehmender Erwärmung steigt.[9]

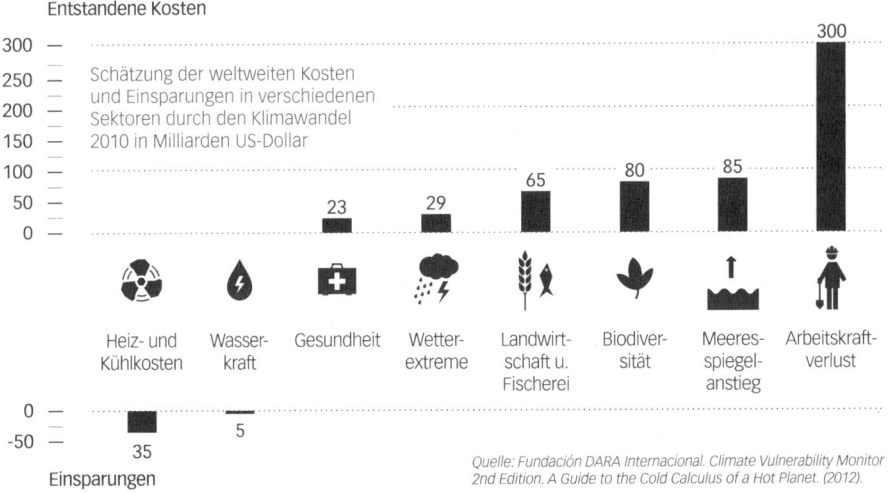

Entstandene Kosten

Schätzung der weltweiten Kosten und Einsparungen in verschiedenen Sektoren durch den Klimawandel 2010 in Milliarden US-Dollar

Einsparungen

Quelle: Fundación DARA Internacional. Climate Vulnerability Monitor 2nd Edition. A Guide to the Cold Calculus of a Hot Planet. (2012).

FAZIT

Der Klimawandel ist keine Zukunftsmusik und bedeutet mehr als »nur« schmelzendes Eis und Meeresspiegelanstieg. Die auf den letzten 100 Seiten beschriebenen wissenschaftlichen Erkenntnisse über die Ursachen und Folgen der globalen Erwärmung haben gezeigt, dass bereits heute viele Menschen und deren Lebensgrundlage durch klimatische Veränderungen bedroht sind. Außerdem wurde deutlich, dass für den beobachteten Temperaturanstieg seit Beginn der Industrialisierung vor allem die durch den Menschen verursachten Treibhausgasemissionen verantwortlich sind. Ironischerweise ist gerade dies eine gute Nachricht: Wir haben auch einen Einfluss auf die Entwicklung des zukünftigen Klimas und sind nicht machtlos gegen den Klimawandel!

Klimamodellsimulationen zeigen, dass wir die globale Erwärmung begrenzen können, wenn wir die Treibhausgasemissionen verringern [1].[1] Allerdings sind die globalen Treibhausgasemissionen seit der ersten UN-Klimakonferenz 1995 in Berlin um 50 % gestiegen und verharren heute auf Rekordniveau.[2] Wenn wir weiterhin große Mengen Treibhausgase ausstoßen, ist eine weitere Erwärmung bis zum Ende des Jahrhunderts um bis zu 5 °C möglich [2].[1] Wir müssen uns daher unserer Verantwortung bewusst werden: Es liegt in unserer Hand, wie sich das zukünftige Klima entwickeln wird und damit auch, inwieweit sich die Folgen der globalen Erwärmung verschärfen werden!

Grafik rechts:
Entwicklung der globalen durchschnittlichen Temperatur bis zum Jahr 2100 in Abhängigkeit von den Treibhausgasemissionen

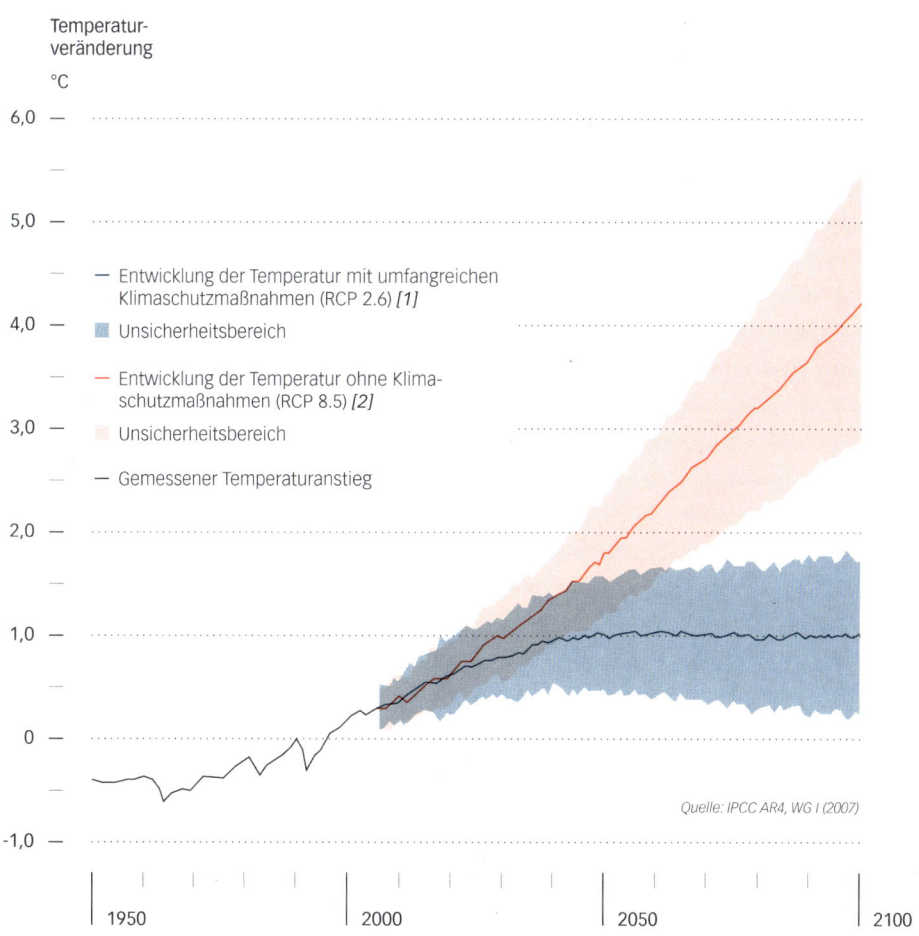

Temperatur-
veränderung

°C

— Entwicklung der Temperatur mit umfangreichen
Klimaschutzmaßnahmen (RCP 2.6) *[1]*

■ Unsicherheitsbereich

— Entwicklung der Temperatur ohne Klimaschutzmaßnahmen (RCP 8.5) *[2]*

■ Unsicherheitsbereich

— Gemessener Temperaturanstieg

Quelle: IPCC AR4, WG I (2007)

UND JETZT?

Die globale Erwärmung muss so gering wie möglich gehalten werden, da die Auswirkungen des Anstiegs der globalen durchschnittlichen Temperatur für uns und unsere Umwelt vor allem nachteilig sind. Damit dies gelingen kann, ist es unerlässlich den tatsächlichen Ursprung der Treibhausgasemissionen zu hinterfragen. Wir müssen erkennen, dass dieser vor allem auf einem nicht nachhaltigen Verhalten von uns Menschen gegenüber unserer Umwelt beruht: Allen menschengemachten Treibhausgasemissionen liegt immer eine von uns getroffene Entscheidung zugrunde. Beispielsweise ist nicht das Auto für die Emissionen verantwortlich,

sondern wir mit unserer Entscheidung, das Auto zu benutzen – anstatt öffentliche Verkehrsmittel oder das Fahrrad. Daher sind die Schaffung politischer Rahmenbedingungen, eine nachhaltige Wirtschaft sowie internationale Zusammenarbeit genauso wichtig, wie die Anstrengungen jedes Einzelnen: Wir alle sind dafür verantwortlich, unser Verhalten zu überdenken und mit unseren täglichen Entscheidungen einen nachhaltigen Lebensstil in der Gesellschaft zu etablieren. Darüber hinaus müssen wir uns in die politische Debatte einbringen sowie uns im Alltag und Berufsleben für Nachhaltigkeit, Klima- und Umweltschutz einsetzen. Dabei wird man

Erneuerbare Energien

Umweltschonende Mobilität

sicherlich auch auf Widerstand treffen, jedoch immer öfter auf Zustimmung und weitere motivierte Menschen – wie dich. Eines ist natürlich klar: Jeder für sich alleine wird die Welt nicht retten können. Wenn wir aber andere ebenfalls für den Umwelt- und Klimaschutz motivieren und sich jeder im Rahmen seiner Möglichkeiten auf allen Ebenen der Gesellschaft dafür einsetzt, werden wir gemeinsam einen großen Beitrag dazu leisten.

David & Christian

Konsumverhalten

- weniger Fleisch essen
- Geld ökosozial anlegen
- Produkte länger nutzen und reparieren
- regionale Waren und Lebensmittel kaufen
- Ressourcen teilen
- den eigenen CO_2-Ausstoß reduzieren und kompensieren

Politik & Gesellschaft

- Förderung neuer Technologien und Anreizsetzung zur Reduktion von Treihausgasemissionen
- demonstrieren gehen
- wählen gehen
- sich für Organisationen und Parteien engagieren und beitreten

Energieeffizienz

- Gebäudedämmung
- Energiesparlampen nutzen (LED)
- Elektrogeräte ausschalten anstatt Standby
- energiesparende Haushaltsgeräte kaufen

Neue Technologien

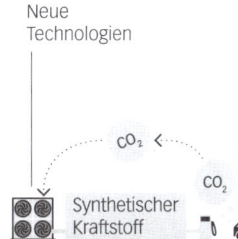

CO_2

CO_2

Synthetischer Kraftstoff

DANKE!

Wir bedanken uns herzlich bei allen Wissenschaftlerinnen und Wissenschaftlern, welche uns mit zahlreichen interessanten Gesprächen, sowie vielen Kommentaren und Anregungen zu unseren Texten, bei der Erstellung des Buches unterstützt haben!

Prof. Dr. Bruno Abegg | Prof. Dr. Kenneth B. Armitage | Dr. Todd Atwood | Prof. Dr. Herrmann Bange | Dr. Christian Barthlott | Dr. Andreas Bauder | Prof. Dr. Jürgen Baumüller | Prof. Dr. Carl Beierkuhnlein | Prof. Dr. Gerhard Berz | Dr. Tobias Binder | Dr. Boris K. Biskaborn | Prof. Dr. Daniel T. Blumstein | Prof. Dr. Reinhard Böcker | Dr. Benjamin Leon Bodirsky | Frank Böttcher | Prof. Dr. Peter Brandt | Dr. Susanne Breitner | Julia Brugger | Prof. Dr. Nina Buchmann | Dr. Michael Buchwitz | Dr. Paul CaraDonna | Prof. Dr. Martin Dameris | Dr. Annika Drews | Markus Dyck | Prof. Dr. Olaf Eisen | Dr. Georg Feulner | Prof. Dr. Andreas H. Fink | Dr. Mark Fleischhauer | Dr. Achim Friker | Prof. Dr. Martin Funk | Dr. Pia Gottschalk | Prof. Dr. Henny Annette Grewe | Prof. Dr. Christian Haas | Prof. Dr. Wilfried Hagg | Dr. Judith Hauck | Majana Heidenreich | Prof. Dr. Martin Heimann | Dr. Peter Hoffmann | Prof. Dr. Corinna Hoose | Dr. Mario Hoppema | Prof. Dr.

Wissenschaftlerinnen

Hans-Wolfgang Hubberten | Dr. Amy Iller | Prof. Dr. Kai Jensen | Prof. Dr. Anke Jentsch | Prof. Dr. Konrad Kandler | Dr. Johannes Karstensen | Dr. Stefan Kinne | Prof. Dr. Gernot Klepper | Dr. Stefan Klotz | Prof. Dr. Peter Knippertz | Dr. Annette Kock | Dr. Peter Köhler | Dr. Martina Krämer | Prof. Dr. Lenelis Kruse-Graumann | Prof. Dr. Michael Kunz | Prof. Dr. Wilhelm Kuttler | Dr. Thomas Laepple | Dr. Peter Landschützer | Prof. Dr. Hugues Lantuit | Dr. Josefine Lenz | Prof. Dr. Ingeborg Levin | Dr. Christian Lininger | Prof. Dr. Karin Lochte | Prof. Dr. Gerrit Lohmann | Prof. Dr. Hermann Lotze-Campen | Dr. Remigus Manderscheid | Prof. Dr. Ben Marzeion | Prof. Dr. Katja Matthes | Prof. Dr. Egbert Matzner | Prof. Dr. Marius Mayer | Dr. Hanno Meyer | Prof. Dr. Peter Molnar | Dr. Anne Morgenstern | Prof. Dr. h. c. Volker Mosbrugger | Dr. Ulrike Niemeier | Dr. Hans Oerter | Prof. Dr. Dirk Olbers | Dr. Marilena Oltmanns | Dr. Daniel Osberghaus | Prof. Dr. Arpat Ozgul | Prof. Dr. Anthony Patt | Dr. André Paul | Prof. Dr. Roland Psenner | Prof. Dr. Johannes Quaas | Dr. Volker Rachold | Prof. Dr. Stefan Rahmstorf | Dr. Maximilian Reuter | Prof. Dr. Mathias Rotach | Dr. Heli Routti | Dr. Ingo Sasgen | Bernhard Schauberger | Lukas Schefczyk | Prof. Dr. Jürgen Scheffran | Dr. Hauke Schmidt | Prof. Dr. Imke Schmitt | Prof. Dr. Jürgen Schmude | Dr. Alexandra Schneider | Prof. Dr. Christian-Dietrich Schönwiese | Prof. Dr. Josef Settele | Prof. Dr. Ruben Sommaruga | Prof. Dr. Christian Sonne | Dr. Sebastian Sonntag | Dr. Robert Steiger | Dr. Christian Stepanek | Dr. Sebastian Strunz | Kira Vinke | Prof. Dr. Martin Visbeck | Dr. Peter von der Gathen | Dr. Mathis Wackernagel | Dr. Frank Wagner | Prof. Dr. Heinz Wanner | Prof. Dr. Hans-Joachim Weigel | Dr. Rolf Weller | Dr. Martin Werner | Prof. Dr. Georg Wohlfahrt | Prof. Dr. Harald Zeiss

Wissenschaftler

DANKE!

Wir bedanken uns bei den Elektrizitätswerken Schönau, Munich Re und allen uns unterstützenden Unternehmen für das erbrachte Vertrauen in uns und unser Buchprojekt. Erst mit ihrer Unterstützung haben wir unser Vorhaben in die Tat umsetzen können. Auch möchten wir uns bei allen bedanken, die uns während des gesamten Projektes mit Rat und Tat zur Seite standen!

Die Elektrizitätswerke Schönau sind nach der Reaktorkatastrophe von Tschernobyl aus einer Bürgerinitiative entstanden. Heute setzen sie sich als Genossenschaft für die Bürgerenergiewende ein: Sie versorgen Haushalte und Betriebe in ganz Deutschland mit Ökostrom, Gas und Biogas und betreiben ökologische Kraftwerke sowie Strom-, Gas- und Nahwärmenetze.

Munich Re ist einer der weltweit führenden Rückversicherer. Seit ihrer Gründung im Jahr 1880 versichert sie andere Versicherer sowie Großunternehmen, besonders gegen extreme Risiken. Über ihre Tochter ERGO bietet sie auch Privatkunden und Firmen Schutz. Da Munich Re auch Milliardenschäden begleicht, muss sie Risiken richtig einschätzen können. Deshalb analysiert sie schon seit Jahrzehnten intensiv Naturkatastrophen und die Folgen des Klimawandels.

atomstromlos. klimafreundlich. bürgereigen.

WER ES GENAUER WISSEN MÖCHTE:
LITERATURVERZEICHNIS

Jeden in unserem Buch aufgeführten Verweis können Sie in unserem digitalen Literaturverzeichnis nachschlagen. Hier haben Sie die Möglichkeit zu sehen, welche Literatur bei einer angegebenen Zitation herangezogen wurde. Außerdem finden Sie interessante weiterführende Literatur und Webseiten für einen tieferen Einstieg in einzelne Themengebiete.

Das Literaturverzeichnis können Sie über den QR-Code wie folgt aufrufen:

1. Laden Sie eine QR-Code Scanner App auf Ihr Smartphone oder Tablett.

2. Scannen Sie den untenstehenden QR-Code.

3. Es öffnet sich das digitale Literaturverzeichnis. Bei einem Klick auf die entsprechende Seite werden alle dort verwendeten Literaturverweise angezeigt.

Das digitale Literaturverzeichnis können Sie auch über folgenden Link erreichen:

www.klimawandel-buch.de/literaturverzeichnis

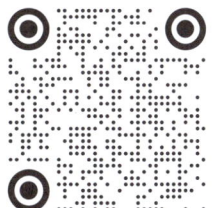

Literatur

IMPRESSUM

Das für den Umschlag verwendete FSC®-zertifizierte Papier »Surbalin seda« lieferte die Peyer Graphic GmbH. Für den Innenteil wurde das mit dem Blauen Engel ausgezeichnete »Balance Pure Offset«-Papier (100 % Recyclingpapier) verwendet.

Die zum Druck dieses Buches verwendeten Farben sind nach dem Cradle to Cradle® Standard zertifiziert und Mineralöl- und Kobaltfrei.

Die zweite Auflage des Buches »Kleine Gase – Große Wirkung: Der Klimawandel« ist wie folgt gekennzeichnet: ISBN: 978-3-9819-6500-1

MIX
Papier aus verantwortungsvollen Quellen
FSC® C019545

FSC
www.fsc.org

128 / 129

Autoren:
David Nelles
Christian Serrer

Starenweg 19
88045 Friedrichshafen
Germany

info@klimawandel-buch.de
www.klimawandel-buch.de

Art-Direction, Umschlag
Layout und Illustrationen:
Lisa Schwegler
www.pr11.eu

Illustrationen:
Stefan Kraiss
www.17k.de

Janna Geiße
www.jannageisse.de

Visuelle Beratung:
Stefan Kraiss

Lektorat:
Karin Schwind
www.schreibimpuls.de

Farbmanagement:
Gennaro Marfucci
www.die-lithografen.de

Druckerei:
Lokay e.K.
Königsberger Str. 3
64354 Reinheim
www.lokay.de

Buchbinderei:
www.buchbinderei-schaumann.de

Impressum

Engagement im freiwilligen Klimaschutz ist eine Möglichkeit für Unternehmen, ihrer Verantwortung auch außerhalb von gesetzlichen Verordnungen und Richtlinien nachzukommen. Konkret hat sich hier die Klimaneutralität als ein sehr gutes Mittel in der Handhabung und in der Transparenz herauskristallisiert. Dabei werden die entstandenen CO_2-Emissionen über anerkannte und zertifizierte Klimaschutzprojekte ausgeglichen.

An dieser Stelle möchten wir uns bei unseren Eltern für die zusätzlichen grauen Haare entschuldigen, die ihnen während unseres Projektes gewachsen sind. Gleichzeitig möchten wir uns aber auch besonders bei ihnen und unseren Geschwistern für ihre Unterstützung bedanken.